Emrah Murat Tacar

Konteyner Terminallerinde Benzetim Uygulaması

Emrah Murat Tacar

Konteyner Terminallerinde Benzetim Uygulaması

Konteyner Taşımacılığı, Konteyner Terminalleri ve Konteyner Terminallerinde Kullanılan Ekipmanlar

Türkiye Alim Kitapları

Impressum / Künye
Bibliografische Information der Deutschen Nationalbibliothek: Die Deutsche Nationalbibliothek verzeichnet diese Publikation in der Deutschen Nationalbibliografie; detaillierte bibliografische Daten sind im Internet über http://dnb.d-nb.de abrufbar.

Deutsche Nationalbibliothek tarafından yayınlanan bibliyografik bilgiler: Deutsche Nationalbibliothek, bu yayını Deutsche Nationalbibliografie'de listeler; detaylı bibliyografik bilgi İnternet'te http://dnb.d-nb.de sitesinde mevcuttur.

Coverbild / Kitap kapağı resmi: www.ingimage.com

Verlag / Yayıncı:
Türkiye Alim Kitapları
ist ein Imprint der / yayınevinin bir ticari markasıdır
OmniScriptum GmbH & Co. KG
Bahnhofstraße 28, 66111 Saarbrücken, Deutschland / Almanya
Email / E-posta: info@turkiye-alim-kitaplary.com

Herstellung: siehe letzte Seite /
Basım yeri: son sayfaya bakın
ISBN: 978-3-639-81316-6

Zugl. / Approved by: Bursa, Uludağ Üniversitesi, 2014

ÖNSÖZ

Yapmış olduğum yüksek lisans tez çalışmasının her aşamasında öneriler veren, bilgilerinden ve desteklerinden yaralanmamı sağlayan tez danışmanım Prof. Dr. Hayrettin Kemal SEZEN'e, çalışmam boyunca yardımlarını esirgemeyen DEÜ Lojistik Yönetimi Bölüm Başkanı Doç. Dr. Soner ESMER'e, verdikleri değerli bilgiler ve ayırdıkları zaman için Borusan Lojistik Gemlik Liman İşletmesi yöneticilerinden Uygun Değirmenci'ye, Besim ÖZTÜRK'e ve Nihan UÇAR'a içten teşekkürlerimi sunarım.

Çizdiği dünya haritasının 500. yılı münasebetiyle UNESCO tarafından 2013 yılı; "Piri Reis Yılı" olarak ilan edildi. Bu vesile ile başta Piri Reis (Karamanlı Hacı Mehmet oğlu Ahmet Muhyiddin), Kemal Reis, Barbaros Hayrettin Paşa, Çaka Bey, Org. Güven Erkaya olmak üzere rahmetli tüm denizcilerimizi saygıyla anıyoruz.

Bu günlere gelmemde büyük emeği geçen, beni teşvik eden ve hep benimle birlikte olan annem Gönül TACAR'a, babam Dursun TACAR'a ve eşim Nagihan TACAR'a çalışmalarımda bana göstermiş olduğu sabır ve destek için ayrıca müteşekkirim.

Bursa, Şubat 2014 Emrah Murat TACAR

İÇİNDEKİLER

KISALTMALAR

AGV	:Otomatik Yönlendirmeli Taşıyıcılar (Automated Guided Vehicles)
ASC	:Otomatik istifleme Vinci (Automatic Stacking Crane)
CFS	:Konteyner Yük İstasyonu (Container Freight Station)
CRS	:Dolu Konteyner İstifleyici (Container Reach Stacker)
ECS	:Boş Konteyner İstifleyici (Empty Container Stacker)
GSYİH	:Gayri Safi Yurt İçi Hasıla
ISO	:Uluslararası Standartlar Örgütü
MHC	:Hareketli Liman Vinci (Mobile Harbour Crane)
NAVIS	:Terminal Yönetim Yazılımı
RMG	:Sabit Demiryolu Üzerinde Hareket Eden Köprülü Saha Vinci (Rail Mounted Gantry Crane)
RTG	:Lastik Tekerlekli Köprülü Saha Vinci (Rubber Tyred Gantry Crane)
s.	:Sayfa No
SC	:Uzun Ayrık Bacaklı Konteyner Elleçleme ve Taşıma Sistemi (Straddle Carriers)
SSG	:Köprülü Rıhtım Vinci (Shore To Shore Gantry Crane)
TCDD	:Türkiye Cumhuriyeti Devlet Demiryolları
TEU	:1 Adet 20ft'lik Konteyner Hacmi (Twenty-Foot Equivalent Unit)
TURKLİM	:Türkiye Liman İşletmecileri Derneği
YTT	:Terminal Traktörü
UNCTAD	:Birlesmis Milletler Ticaret ve Kalkınma Konferansı (United Nations Conference on Trade and Development)

TABLOLAR

ŞEKİLLER

GİRİŞ

Taşımacılık anlayışı hızla evrim geçirmektedir. Eskiden dünya coğrafyasına koşut olarak limandan limana yapılan taşımalar artık konteynerin de devreye girmesiyle kapıdan kapıya yapılır olmuş; bunda da taşıtan diye nitelendirdiğimiz alıcı/satıcının tek taşıyanla muhatap olma ve malını kapısında teslim etme/alma talepleri etkin olmuştur.

Taşıma hizmeti bir zincirdir. Bunun ağırlıklı kısmını yükün taşıt(lar)la taşınması oluşturur; ancak kapıdan kapıya hizmet anlayışına bağlı olarak yükün bir araçtan diğerine kesintisiz ve anında aktarılabilmesi konteynerin varlığı ile çok kolaylaşmış; yükün herhangi bir değişiklik ve denetime tabi olmaksızın sadece konteynerin bir taşıttan diğerine aktarılması ile alıcısına "taşıma zinciri" içinde ulaştırılması mümkün olmuştur. Ancak hizmetin kesiksiz ve seri biçimde yapılması beraberinde aktarma noktası durumundaki liman terminallerinin/terminallerin sisteme uyarlanmasını gerektirmiştir.

Konteynerin terminal içindeki hareketi terminal sahasının yeniden yapılanmasını gerektirmiştir. Eskiden kırkambar (karışık yük) yükünün elleçlendiği limanlarda gemi yanaşma yeri ile yükün depolandığı antrepo sistemi arasında 10-30 metre arasında değişen yük aktarma mesafesi bulunurdu. Bu mesafede forklift ve çekiciler ile gemiden alınan yükleri antrepoya aktarırlardı. Günümüzde ise konteynerin devreye girmesi ile birlikte antrepo, sundurma gibi yükü atmosferik şartlara karşı koruyan kapalı depolama sistemleri ortadan kalkmış; yerine açık depolamanın yapıldığı düz saha gelmiştir. Açık depolama rejiminde on binlerce konteyner anlık hareket içinde terminal depolama sahasında istiflenmekte ve hatta hinterlant ulaşımı hizmetlerinden yararlanmaktadır. Bu bakımdan, indi-bindi hareketinin yoğun ve büyük çapta olduğu konteyner terminallerinde yapılan yükleme-boşaltma faaliyetlerinin eldeki kaynakları optimum seviyede kullanarak, saha içerisinde tıkanıklıklarla karşılamayı önlemek açısından önemli olduğu görülmektedir.

Limanları karmaşık dinamik sistemler olarak incelediğimizde bir çok faaliyetin iç içe geçtiği görülebilir. Bu faaliyetlere ilişkin fiziksel varlıkların içinde; liman sahası, rıhtımlar, yaklaşım kanalları, demirleme alanı, gemiler, yükler, ekipmanlar, depolar, ulaştırma elemanları ve giriş/çıkış kapısı sayılabilir. Bir liman uygulaması olarak konteyner terminallerinin yönetimi, çok sayıda karar almayı gerektiren karmaşık sistemler içermektedir. Liman operasyonlarının karmaşıklığı, analitik yöntemlerin liman optimizasyonu için kullanılmasında zorluklara neden olmaktadır. Diğer yandan karmaşık yapıların matematiksel modellenmesi zahmetli, hatta bazı durumlarda imkansızdır. Bu tür durumlarda bilgisayar benzetimi, limanların analizinde, anlaşılmasında ve tasarımlanmasında güçlü bir araç olarak karşımıza çıkmaktadır. Konteyner gemilerinin liman sahasına gelmesinden itibaren gemilerin demirde bekleme zamanının azaltılması, optimal rıhtım planlamasının yapılması, yükleme/boşaltma süreçlerinin programlanması, terminal kaynaklarının operasyonlara tahsisi, ortalama gemi hizmet zamanının azaltılması, liman ekipmanlarının ve liman sahasının verimli kullanılması saha istif planlamasının yapılması, liman içi taşımaların planlanması, rıhtım ve saha işgal oranının azaltılması gibi konular konteyner terminallerinin temel problemleridir[1].

Bu araştırma limanlar içinde konteyner terminallerinin iyi hizmet verebilmesi için konteyner yükleme/boşaltma operasyonlarının performans ölçümünün benzetim yöntemiyle modellenmesini içeren dört bölümden oluşmaktadır.

Birinci bölüm de konteyner taşımacılığı ele alınmış olup; konteyner taşımacılığının tarihi, konteyner taşımacılığının dünya ve Türkiye'deki durumu araştırılmıştır. Bunun yanında konteyner taşımacılığının temelini oluşturan konteyner ve konteyner gemilerine ilişkin bilgiler paylaşılmıştır.

İkinci bölüm de konteyner terminalleri temel fonksiyonları, konteyner terminalleri tasarımı, konteyner terminallerinde kullanılan yük elleçleme ekipmanları, konteyner terminalleri yük elleçleme, aktarma ve istif sistemleri, sistemlerin karşılaştırılması ve konteyner terminallerinde yük akışı konuları üzerinde durulmuştur.

Üçüncü bölüm de konteyner terminalleri problemlerinin benzetim yöntemi ile ele alınması konusunda literatür araştırması gerçekleştirilmektedir. literatür taraması yapılarak bu literatür içerisinde benzetim yönteminin yeri araştırılmıştır.

Dördüncü bölüm de ise bir benzetim uygulaması yer almaktadır. Bu çerçevede benzetim için gerekli veriler toplanmış ve elde edilen veriler ile benzetim modeli geliştirilmiştir. Geliştirilen model çalıştırılarak model sonuçlarına çalışmada yer verilmiştir.

---

[1] Alpaslan Ateş, Soner Esmer, Liman İşletmelerinde Performans Ölçümü, Recep Tayyip Erdoğan Üniversitesi Yayınları, Rize, 2013 s. 1

BİRİNCİ BÖLÜM

1. KONTEYNER TAŞIMACILIĞI

1.1. Konteyner Taşımacılığı Tarihsel Gelişimi

Konteyner taşımacılığının kökenleri İngiltere'deki maden sanayisine dayanır. 1795 yılında ilk kez vagon benzeri konteynerlere yüklenen kömür, yükleme boşaltma yapılmaksızın kanaldaki gemilere yüklenerek sevk edilmiştir. 1830'lu yıllara gelindiğinde artık özellikle demiryolu ve gemilerde taşınabilen çok sayıda konteyner türü yaygın hale gelmişti. Zamanla taşıma için kullanılan ahşap konteynerler yerlerini demirden konteynerlere bıraktı. 1900'lü yıllarda kapalı konteynerin ilk örnekleri görüldü. Birleşik Krallık'ta çok sayıda demiryolu şirketi birbirine benzer konteyner kullanır durumdaydı. 1920'li yılarda doğan ihtiyaç gereğince konteyner ölçüleri standartlaştırıldı. Ancak oluşturulan standart İngiltere ile sınırlı kaldı. Amerika Birleşik Devletleri'nde yoğun olarak 1920'li yıllarda kullanılmaya başlayan konteyner özellikle Chicago, Milwaukee, Wisconsin bölgelerinde yaygın olarak kullanılıyordu. Konteyner taşımacılığı özellikle ABD sanayisi tarafından II. Dünya Savaşı sırasında yaygın olarak kullanılmıştır.[2]

Konteynerin babası sayılan Malcom Purcell McLean, 1930'ların sonlarında Hooboken Limanı'nda küçük bir taşıma şirketi işletirken, standart yükleme ve indirme yöntemlerinden farklı bir taşıma yöntemi fikri oluşturmuştur. Başlangıçta McLean, gemilere kamyonları yükleyerek malların gidecekleri yerlere en yakın noktaya kadar gemiyle taşınması fikriyle çalışmaya başlamıştır. Konteynerlerin standartlaşması ve çekiciler ile hareket ettirilen taşıyıcıların gelişmesi, konteynerlerin sadece taşıyıcıların üzerinde gemilere yüklenmesine imkan tanımıştır. Böylece yerden ve masraflardan tasarruf edilmiş oluyordu. Sonraları Mclean taşıyıcıları da gemilere yüklemeyerek bugünküne benzer şekilde sadece gemiler ile konteynerleri taşımaya başlamıştır.[3]

---

[2] Vikipedi Özgür Ansiklopedi, **Konteyner Taşımacılığı**, http://tr.wikipedia.org/wiki/Konteyner_ta%C5%9F%C4%B1mac%C4%B1l%C4%B1%C4%9F%C4%B1#K.C3.B6kenleri, (28.02.2013), par.2.

[3] Murat Erdal, **Konteyner Deniz ve Liman İşletmeciliği,** Beta Yayınevi, İstanbul, 1.Baskı, Ekim 2008, s.3.

Gemi sahiplerinin McLean'in fikrine şüphe ile yaklaşmaları sonucu, McLean bir gemi satın alarak SeaLand Şirketi'ni kurmuştur. 1990'ların sonunda McLean şirketini Maersk şirketine satmıştır ve onun kurduğu şirket günümüzde Maersk Sealand isminde yaşamaktadır. McLean 2001 yılının Mayıs ayında 87 yaşında vefat etmiştir. [4]

Konteyner taşımacılığında bilinen ilk konteyner gemisi Maxton adlı tankerden dönüştürülen 62 konteyner kapasiteli Ideal X adlı gemidir. Bu gemi, 26 Nisan 1956 yılında Newark Limanı'ndan 58 konteyneri alarak ilk seferini Houston Limanı'na yapmıştır. Ideal X 1965 yılında bir Japonya tersanesinde hurdaya çıkmıştır.[5] Konteyner taşımacılığında görülen en önemli husus türler arası taşımacılıktır. Böylece yükler taşıma kaplarından çıkartılmadan başka farklı taşıma türleri ile kapıdan kapıya taşınmakta, yükleme ve tahliye masrafları düşmekte, taşıma süresi kısalmakta, taşıma hatlarının sefer tarifelerini tutturmaları kolaylaşmakta ve malların çalınması, hasarlanması azalmakta, depolarda bekleme süreleri kısalmakta, belirsizlikler ortadan kalkmaktadır. Böylece taşıma maliyetleri düşmektedir.

1960 yılına kadar birçok şirket genel kargo, tanker gibi gemileri konteyner taşıyacak şekilde dönüştürmüş ve kısa mesafelerde taşımacılık yapmışlardır. Ancak bu yıla kadar taşınan konteynerlerin standart olmaması bir çok soruna yol açmaktaydı. 1960 yılında SeaLand şirketi 20 feet[*] uzunluğunda 610 konteyner taşıyacak ilk konteyner gemisini kızağa koymuş ve gemi 23 Nisan1966 tarihinde 236 konteyner yükü ile Fairland Limanı'ndan Rotterdam Limanına ilk seferini yapmak üzere hareket etmiştir. Bu sefer aynı zamanda ilk uluslararası konteyner taşımacılığıdır.[6] Bu gelişmeler olurken, yukarıda da izah dildiği üzere, 1960'dan önce taşımacılıkta kullanılan konteynerlerin standardize olmaması ciddi problemler yaratmıştır. Bu sorunun önüne geçmek için Amerikan Denizcilik İdaresi (The United States Maritime Administration = MARAD) , Amerikan Standartlar Enstitüsü (American Standards Association = ASA) ,Uluslararası Standartlar

---

[4] Cargo Loss Prevention Information From German Marine Insures, **Container Handbook**, http://www.containerhandbuch.de/chb_e/stra/index.html?/chb_e/stra/stra_01_01_00.html, (28.02.2013), par.1

[5] Coalition of Alabama Waterway Associations, **Business Perspectives on the Feasibility of Conatiner on Barge Service Alabama Freight Mobility Study Phase 1**, Hanson Professional Services Inc , Nashville, April 2007, s.15.

[*] Feet: 30,48 cm'lik uzunluk ölçüsü

[6] Harun Şişmanyazıcı, **Liner Taşımacılıkta Konteyner Taşımacılığı ve Uygulamaları Ders Notları,** İstanbul, 2010, s.2.

Örgütü (International Standart Organization = ISO) gibi uluslararası kuruluşlar bu sorunu tartışmaya başlamış ve günümüzde kullanılan konteynerlerin standartlarının oluşturulması için çalışmalar yapmışlardır.

Konteyner taşımacılığının gelişimi altında yatan temel fikir eşit büyüklükte kutulara (Konteyner) koyulabilen yüklerin çeşitli taşıma sistemlerinde (karayolu, demiryolu, denizyolu vb.) kolayca taşınabilmesine olanak vermesi ve düşük elleçleme maliyetleri olmasıdır. Konteyner taşımacılığının tarihsel gelişimi ile ilgili kısa bir özet Tablo 1' de sunulmuştur.

Tablo 1: Kontyener Taşımacılığının Gelişimi7

1950'ler	İlk nesil konteyner gemileri (yaklaşık 10,000 DWT), ISO standartları öncesi konteynerler.
1964	İlk amaca uygun olarak inşa edilen konteyner gemisi, Kooringa
1966	İlk transatlantik konteyner servisi başladı, ağırlıklı olarak dönüştürülmüş gemiler ile
1967	Büyük konteyner konsorsiyumlarının doğuşu, ACL (Associated Container Lines), Dart, ACT, OCL gibi.
1969	İlk OCL gemisi, Encounter Bay'ın ilk seferi
1970	167 konteyner gemisi operasyonda
1971	The Frankfurt Express-2000 TEU[*]'dan fazla kapasiteli ilk Panamax konteyner gemisi
1977	507 konteyner gemisi operasyonda
1982	718 konteyner gemisi operasyonda
1984	USL ve Evergreen tarafından "Tüm Dünya" hizmeti sunuldu. Filoda ki gemiler 3000 TEU'dan fazla kapasiteye sahiptir.
2000	Ortalama 10 yaşında ve toplam 69.1 milyon DWT 2590 konteyner gemisi operasyonda
2011	Toplam 151 milyon TEU konteyner ticaret hacmi gerçekleşmiştir.[8]

1.2. Konteyner Taşımacılığına Genel Bakış

1.2.1. Dünya Deniz Ticaretindeki Gelişmeler

Dünyada deniz ticareti, dünyadaki ekonomik gelişmelere bağımlıdır. Dünyada ekonomik durumu ifade eden birkaç önemli göstergeden birisi olan Gayri Safi Yurt İçi Hasıla (GSYİH), bir ülke sınırları içinde belirli bir zaman içinde üretilen tüm nihai mal ve hizmetlerin para birimi cinsinden değeridir. GSYİH'daki artış dünya mal ve hizmet

---

[7] Liyenita Widjaja, Mega Container Ships:Implications to Port of Singapore, City University Erasmus Mundus Master Of Science Programme , Coastal And Marine Engineering And Management ,(Yayımlanmamış Yüksek Lisans Tezi), London, 25 June 2012, s.5

[*] TEU,T.E.U. : Twenty Feet Equivalent Unit için kısaltma, 20 Feet Standart Konteyner; 20 ft x 8 ft x 8 ft 6 inch ölçülerinde genel kargoların taşınmasında kullanılan standart konteyner tipi.

[8] The United Nations Conference on Trade and Development (UNCTAD), **The Review of Maritime Transport 2012,** Switzerland, 2012, s.19.

ticaretine olan talebi doğrudan etkilemektedir. Bu anlamda GSYİH'daki artış mal ve hizmetlere olan talebi arttırmakta, düşüş ise mal ve hizmetlere olan talebi düşürmektedir. Talebin artması dünya mal ve hizmet üretimi için sipariş olarak yansımakta ve bu sayede üretim indeksleri yükselmektedir. Böylece taşımacılığa olan talep ortaya çıkmaktadır.[9] Şekil 1'de görüldüğü gibi dünya denizyolu ticareti 2012 yılında bahsedilen göstergelerin gelişmesine paralel olarak artış göstermiştir.

Şekil 1: 1975-2012 yılları arasında dünya GSYİH'sı, OECD endüstriyel üretim indeksi, dünya mal taşımacılığı ve denizyolu ticareti arasındaki ilişki (1990=100)[10]

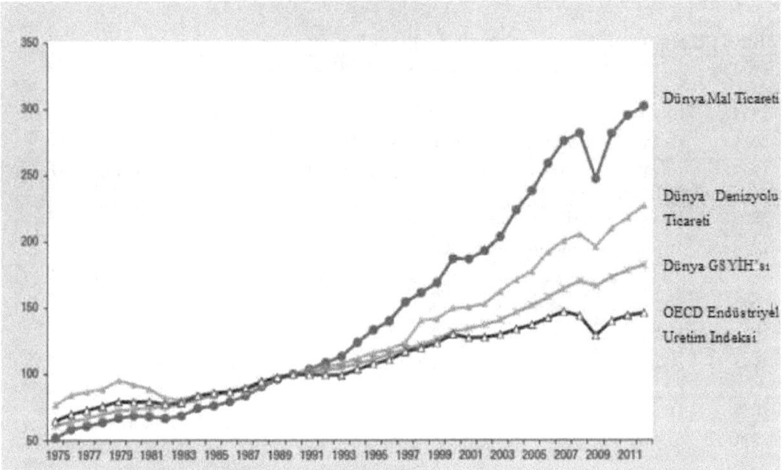

2011 yılı verileri göz önüne alındığında limanlarda elleçlenen yüklerin yük ve ülke gruplarına göre dağılımı Tablo 2'de gösterilmektedir. Buna göre 2011 yılında dünya limanlarında toplam 8.747,7 milyon ton yük yüklenmiş ve 8.769,3 milyon ton tahliye edilmiştir. Aradaki fark gemi kumanya, yakıt, yağlama yağı gibi gemi tedarikine ilişkin kullanılan tahliyesi olmayan yüklemelerden ve deniz kazaları sonucu yitirilen yüklerden kaynaklanmaktadır.

Ülke grupları kapsamında bakıldığında en fazla yük elleçlemesinin gelişmekte olan ülkelerde yapıldığı görülmektedir. Gelişmekte olan ülkeleri gelişmiş ülkeler

---

[9] Türkiye Liman İşletmecileri Derneği ve Dokuz Eylül Üniversitesi Soner Esmer ve Ersel Zafer Oral, Türk Limancılık Sektörü Raporu 2012, Atölye Ofset, 2012, s.22.

[10] The United Nations Conference on Trade and Development (UNCTAD), **The Review of Maritime Transport 2012,** Switzerland, 2012, s.2

izlemektedir. Bu durum dünya üretim ve tüketim merkezlerinin belirgin bir göstergesidir. Daha çok ham madde tahliye eden ve bitiş ürünü dünyaya yollayan gelişmekte olan ülkelerde yükleme tahliye dengesi makul düzeydedir. Ancak daha çok tüketim pazarına sahip olan gelişmiş ülkelerde tahliye oranı doğal olarak daha fazladır. Bu rakamların yüzdesel gösterimi ise Tablo 3'te görülmektedir.

Tablo 2: Yük ve ülke gruplarına göre 2011 yılı dünya deniz ticareti (milyon ton)[11]

	Yükleme				Tahliye			
Ülke-Grup	Toplam	Ham Petrol	Petrol Ürünleri ve Gaz	Kuru Yük	Toplam	Ham Petrol	Petrol Ürünleri ve Gaz	Kuru Yük
Dünya	8.747,7	1.762,4	1.033,5	5.951,9	8.769,3	1.907,0	1.038,6	5.823,7
Gelişmiş ülkeler	2.966,2	123,3	423,3	2.419,5	3.615,3	1.109,6	569,9	1.935,7
Gelişmekte olan ülkeler	5.271,2	1.500,3	560,5	3.210,3	4.999,3	793,2	464,3	3.741,8
Asya	3.216,4	900,1	357,9	1.958,4	4.122,0	679	337,7	3.105,3
Amerika	1.260,0	254,0	93,5	912,4	491,5	74,1	79,3	338,1
Geçiş ekonomileri	510,4	138,7	49,7	322	154,7	4,2	4,4	146,1
Afrika	787,7	344,5	108,9	334,2	371,3	40,1	43,4	287,8
Okyanusya	7,1	1,6	0,2	5,3	14,5	0,0	3,9	10,6

Gelişmekte olan ülkelerin toplam yüklemelerinin % 60,3'ünü gerçekleştirdiği Tablo 3'te görülmektedir. Gelişmiş ülkelerde ise bu oran % 33,9'dur. Geri kalan % 5,8 pay ise geçiş ülkeleri tarafından elleçlenmektedir. Tahliyede ise gelişmekte olan ülkeler dünya toplam tahliyesinin % 57'sini, gelişmiş ülkeler % 41'ini ve geçiş ekonomileri % 2'sini elleçlemektedir.

Tablo 3: Yük ve ülke gruplarına göre 2011 yılı dünya deniz ticareti (%)[12]

	Yükleme				Tahliye			
Ülke-Grup	Toplam	Ham Petrol	Petrol Ürünleri ve Gaz	Kuru Yük	Toplam	Ham Petrol	Petrol Ürünleri ve Gaz	Kuru Yük
Dünya	100,0	20,0	12,0	68,0	100,0	22,0	12,0	66,0
Gelişmiş ülkeler	33,9	7,0	41,0	41,0	41,0	58,0	55,0	33,0
Gelişmekte olan ülkeler	60,3	85,0	54,0	54,0	57,0	42,0	45,0	64,0
Asya	36,8	51,1	34,6	32,9	47,0	35,6	32,5	53,3

---

[11] The United Nations Conference on Trade and Development (UNCTAD), **The Review of Maritime Transport 2012,** Switzerland, 2012, s.7

[12] The United Nations Conference on Trade and Development (UNCTAD), **The Review of Maritime Transport 2012,** Switzerland, 2012, s.8

Amerika	14,4	14,4	9,0	15,3	5,6	3,9	7,6	5,8
Geçiş ekonomileri	5,8	8,0	5,0	5,0	2,0	0,0	0,0	3,0
Afrika	9,0	20,0	11,0	6,0	4,0	2,0	4,0	5,0
Okyanusya	0,1	0,1	0,02	0,1	0,2		0,4	0,2

Şekil 2'de görüldüğü gibi 2011 yılında dünyada toplam 8.748 milyon ton yükleme yapılmıştır. Bu yükler içinde en önemli payları sırasıyla ham petrol ve ürünleri (% 32), temel dökme yükler (% 28), diğer kuru yükler (% 24) ve konteyner (% 16) olarak almaktadır.

Şekil 2: Denizyolu taşımacılığında yük dağılımı (yüklenen, milyon ton)[13]

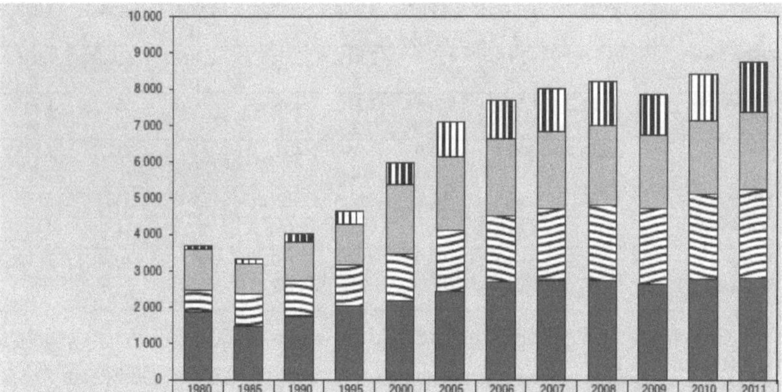

	1980	1985	1990	1995	2000	2005	2006	2007	2008	2009	2010	2011
Konteyner	102	152	234	371	598	969	1 076	1 193	1 249	1 127	1 275	1 385
Diğer kuru yükler	1 123	819	1 031	1 125	1 928	2 009	2 112	2 141	2 173	2 004	2 027	2 090
Temel dökme yükler*	608	900	988	1 105	1 295	1 709	1 814	1 953	2 065	2 085	2 335	2 477
Ham petrol ve ürünleri	1 871	1 459	1 755	2 050	2 163	2 422	2 698	2 747	2 742	2 642	2 772	2 796

*

Temel dökme yükler; Kömür, demir cevheri, hububat, boksit/alüminyum ve fosfat

1.2.2. Dünyada Konteyner Taşımacılığı

2010 yılında toplamda 2,4 milyar tona ulaşan konteynerize edilmiş yükler ve genel yükler ağırlıklı olarak yarı mamul ya da bitmiş üründen oluştuğu için kıymetli bir yük türüdür. Konteyner taşımacılığı bu grupta % 56 oranı ile genel yüke göre daha fazla paya sahiptir. Konteyner taşımacılığı aynı zamanda 1990-2010 yılları arasında ortalama % 8,2 oranında büyüyerek en hızlı büyüyen yük grubu olmuştur. 2009 yılında konteyner taşımacılığı % 12,9 gerilese de 2010 yılında tekrar toparlanma sürecine girmiştir. 2010

[13] The United Nations Conference on Trade and Development (UNCTAD), **The Review of Maritime Transport 2012,** Switzerland, 2012, s.9

yılında 1,3 milyar ton yük ihtiva eden toplam 140 milyon TEU konteyner denizlerde taşınmıştır.[14] Clarkson Araştırma Hizmetleri'ne göre 2011 yılında dünyada toplam konteyner ticaretinin % 7,1 büyümeyle 151 milyon TEU'ya ulaşmış olup yaklaşık olarak 1,4 milyar ton yüke eşittir.[15] 2012 yılında da konteyner ticareti artmış olup 2013 yılında da dünya konteyner ticaretinde büyüme beklenmektedir (Şekil 3).

Şekil 3: Küresel konteyner ticareti 1996-2013 (TEU ve yıllık değişim yüzdesi)[16]

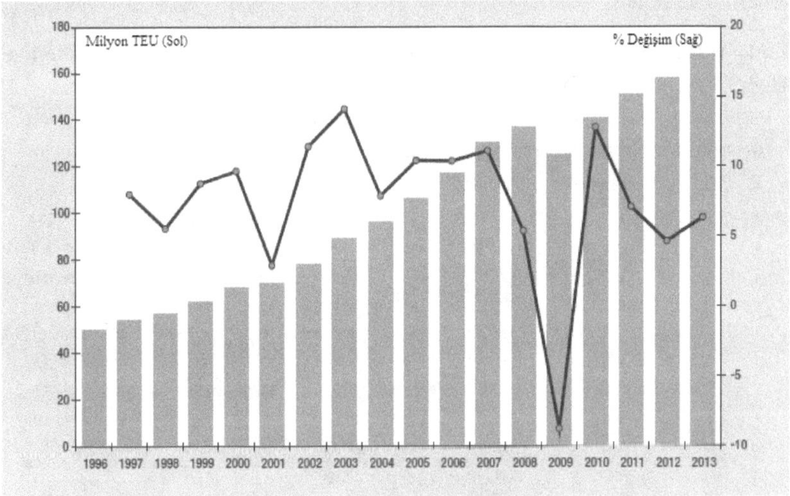

2011 yılı 3. Çeyreğinde küresel konteyner ticareti ile ilgili daha önce tahmin edilen % 10 - % 11 büyüme rakamları % 7 - % 8 seviyelerine çekilmiştir. Sektörün 2011 yılını yaklaşık 5 milyar dolarlık zarar ile kapatılacağı öngörülmekte hatta bu zararın 8 milyar dolarlara kadar artacağını düşünenler de olmuştur. Oysa 2010 yılında sektördeki toplam karlılık 17 milyar dolar civarında raporlanmıştır. 2011 yılı konteyner taşımacılığında navlun* ve kira oranlarının düştüğü, gemi satın alma ve satma değerlerinin azaldığı bir yıl olmuştur.

---

[14] Türkiye Liman İşletmecileri Derneği ve Dokuz Eylül Üniversitesi Soner Esmer ve Ersel Zafer Oral, Türk Limancılık Sektörü Raporu 2012, Atölye Ofset, 2012, s.28.

[15] The United Nations Conference on Trade and Development (UNCTAD), **The Review of Maritime Transport 2012,** Switzerland, 2012, s.19.

[16] The United Nations Conference on Trade and Development (UNCTAD), **The Review of Maritime Transport 2012,** Switzerland, 2012, s.20.

* Navlun: Deniz ve nehir yolu ile yapılan taşıma işi karşılığı ödenen ücret.

Yaşanan bu gelişmelerin tersine konteyner taşımacılığı sektörde çok önemli oranda gemi ve konteyner yatırımları da sürmektedir. Lloyd's List'e göre 2011 yılında toplam da 1,5 milyon TEU kapasitede gemilerin siparişleri tersanelere verilmiştir. Bu yatırımların en önemli nedeni ticarete yönelik beklentinin artış yönünde olmasıdır. [17] Büyük konteyner operatörlerinin verdiği gemi siparişleri arasında 18.000 TEU kapasiteli dünyanın en büyük konteyner gemileri bulunmakta olup dünyanın en büyük 20 operatörü Tablo 4'te ki gibidir.

Tablo 4: Dünyadaki 20 en büyük küresel konteyner operatörü (TEU kapasitesi ve gemi sayısı)[18]

Sıra	Sıra	Kumpanya	Hizmetteki Gemiler		Siparişteki Gemiler		Toplam Projeksiyon		Toplamın %'si
2011	2010		TEU	Gemi	TEU	Gemi	TEU	Gemi	
1	1	APM MAERSK GROUP	2.200.491	566	495,950	43	2.696.441	609	12,3
2	2	MSC	1.983.174	447	307,666	26	2.290.840	473	10,5
3	3	CMA CGM	1.326.575	407	179,911	17	1.506.486	424	6,9
4	7	COSCON	623.221	145	248,700	32	871.921	177	4,0
5	6	EVERGREEN	597.623	167	240,000	30	837.623	197	3,8
6	5	HAPAG LLOYD	620.060	141	132,000	10	752.060	151	3,4
7	4	APL	583.949	144	189,000	20	772.949	164	3,5
8	9	CSCL	534.450	121	81,500	10	615.950	131	2,8
9	8	CSAV	528.026	130	16,146	2	544.172	132	2,5
10	10	HANJIN	513.070	104	147,860	12	660.930	116	3,0
11	11	MOL	439.753	105	17,200	2	456.953	107	2,1
12	13	HAMBURG SUD	416.685	117	51,670	11	468.355	128	2,1
13	12	OOCL	409.425	91	112,112	10	521.537	101	2,4
14	14	NYK	379.473	90	61,000	6	440.473	96	2,0
15	15	K LINE	348.159	81	6,350	1	354.509	82	1,6
16	17	YANG MING	335.503	80	70,300	11	405.803	91	1,9
17	18	HMM	314.464	69	148,075	14	462.539	83	2,1
18	16	ZIM	279.687	71	156,139	14	435.826	85	2,0
19	19	PIL	259.429	135	26,400	4	285.829	139	1,3
20	20	UASC	199.378	50	112,000	8	311.378	58	1,4
TOPLAM TEU			12.892.595	3.261	2.799.979	283	15.692.574	3.544	71,6
DİĞER TOPLAM			4.462.131	6.840	1.747.514	381	6.209.645	7.221	28,4
DÜNYA TOPLAM			17.354.726	10.101	4.547.493	664	21.902.219	10.765	100

[17] Türkiye Liman İşletmecileri Derneği ve Dokuz Eylül Üniversitesi Soner Esmer ve Ersel Zafer Oral, Türk Limancılık Sektörü Raporu 2012, Atölye Ofset, 2012, s.29.

[18] Türkiye Liman İşletmecileri Derneği ve Dokuz Eylül Üniversitesi Soner Esmer ve Ersel Zafer Oral, Türk Limancılık Sektörü Raporu 2012, Atölye Ofset, 2012, s.30.

Tablo 4'te görüldüğü gibi 2011 yılı itibariyle hizmetteki gemilerin 17.354.726 TEU olan kapasitesi verilen siparişlerin tamamlanmasıyla 21.902.219 TEU kapasiteye ulaşacaktır. Dünyanın en büyük konteyner operatörlerinin bazı siparişleri aşağıdaki gibidir[19];

- Maersk Line; Güney Kore'deki Daewoo ve Marine Engineering Tersanelerinde 20 adet 18.000 TEU kapasiteli dünyanın en büyük konteynerleri siparişini vermiştir.
- CMA-CGM; 2011 yılında 10.000 TEU kapasite üzerinde gemilerinin bir kısmını teslim almış, 3 adet 16.000 TEU siparişini önümüzdeki yıllarda teslim alacaktır.
- COSCON; 8 adet 13.500 TEU sipariş vermiş ve 4 adet 13.100 TEU kapasiteli gemiyi ise Seaspan'dan kiralamak üzere anlaşmıştır.
- Evergreen; 30 adet 8.000 TEU kapasiteli gemi sipariş vermiş.
- APL; 10 adet 14.000 TEU, bu gemiler Mitsui OSK Line tarafından kiralanacaktır. Singapurlu taşıyıcının ayrıca 4 adet 10.800 TEU, 4 adet 10.100 TEU, 2 adet 9.200 TEU ve 10 adet 8.400 TEU kapasitelerinde gemi siparişleri bulunmaktadır.
- UASC; 8 adet 13.000 TEU kapasiteli gemi siparişi bulunmaktadır.

Sipariş verilen gemiler 18.000 TEU kapasiteye kadar olan, kıtalar arası sefer yapması planlanan ve taşımada ölçek ekonomisi hedefine ulaşma amacıyla tasarımlanan gemilerdir. Bu gemiler "ana gemi" olarak tanımlanmaktadır ve ana gemiler "ana liman" olarak tanımlanan büyük ölçekli limanlara sefer yapmaktadır. Rotterdam, Singapur gibi ana liman olarak tabir edilen dünyanın en büyük ölçekli limanları dahi, yeni sipariş verilen bu ana gemilere hizmet verebilmek için liman alt yapılarını geliştirmek ve yeni vinç yatırımı yapmak zorunda kalmaktadırlar. Buradan özetle artan taşıma talebinin (yükün) gemilere, gemilerin ise limanlar üzerinde büyüme yönünde bir baskı yarattığı söylenebilir.[20]

---

[19] Türkiye Liman İşletmecileri Derneği ve Dokuz Eylül Üniversitesi Soner Esmer ve Ersel Zafer Oral, Türk Limancılık Sektörü Raporu 2012, Atölye Ofset, 2012, s.29.-s.30

[20] Türkiye Liman İşletmecileri Derneği ve Dokuz Eylül Üniversitesi Soner Esmer ve Ersel Zafer Oral, Türk Limancılık Sektörü Raporu 2012, Atölye Ofset, 2012, s.30.

Konteyner hat operatörleri maliyetlerini minimize edebilmek için uğranılan limanların sayısını azaltmaya çalışmaktadırlar. Buna bağlı olarak konteyner terminalleri hiyerarşisi topla-dağıt (hub and spoke system) sistemine göre aşağıdaki gibi oluşmaktadır.[21]

- Küresel ana limanlar / terminaller (global hubs, transshipment ports)
- Bölgesel ana limanlar / terminaller (regional hubs)
- Direk uğrak limanlar / terminaller (direct-call ports, gateway ports)
- Besleyici limanlar / terminaller (feeder ports)
- Niş limanlar (niche ports, local monopolies)

Konteyner taşımacılığında ana gemi (mother vessel) olarak tanımlanan gemiler yüklerini ana liman olarak bilinen aktarma limanlarına / terminallerine bırakmakta ve bu limanlardan / terminallerden daha küçük kapasiteli gemiler ya da besleyici gemiler (feeder vessels) yükleri bölgesel limanlara / terminallere, uğrak limanlarına / terminallerine, besleyici limanlara / terminallere ulaştırmaktadırlar.

Şekil 4: Konteyner taşımacılığı sistemi

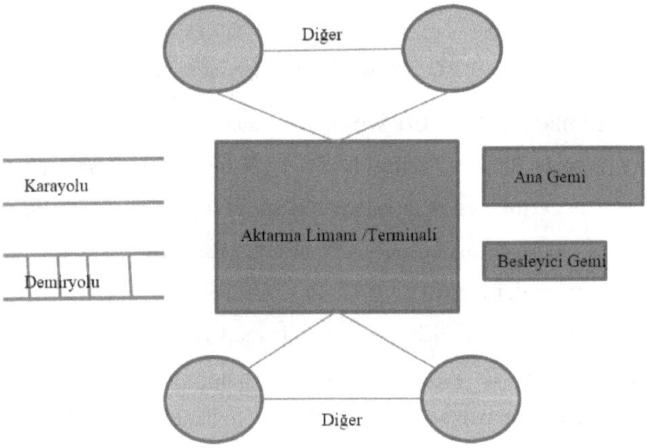

[21] Ghislain Lorthiois, Container shipping : impact of mega container ships on ports in Europe and the Med– MAREFORUM, 2008

Tablo 4'te görüldüğü gibi içinde Maersk Line'ın olduğu APPM Group 2.2 milyon TEU gemi kapasitesi 566 parça gemi ile dünyanın en önemli konteyner operatör grubudur. Onu 1.9 milyon TEU gemi kapasitesi ve 447 parça gemi ile MSC ve 1.3 milyon TEU gemi kapasitesi ve 407 parça gemi ile CMA CGM grubu takip etmektedir. İlk 20 hattın tamamı Türkiye'ye uğrak yapmaktadır.

Bu gelişmelere paralel olarak konteyner terminal operatörleri de yatırımlarını 2011 yılında sürdürmüştür. Yapılan yatırımlar hiç de azımsanacak boyutlarda değildir. Örneğin[22];

- Yakın zamanda TURKLİM (Türkiye Liman İşletmecileri Derneği) üyesi Petkim konteyner terminalinin işletmesini alan ve 2014 yılında faaliyete başlaması beklenen APM Terminals Group 2011 yılında Costa Rica'daki Puerto Moin limanına 1 milyar dolar civarında yatırım gerçekleştirirken İsveç'teki Gothenburg limanıyla yaptığı yatırım anlaşmasını garanti altına almıştır.
- Türkiye'de MIP'yi işleten dünyanın önemli terminal operatörlerinden birisi olan PSA International, Suudi Arabistan'da işlettiği Dammam konteyner terminalinin kapasitesini 1.8 milyon TEU'ya çıkarmıştır.
- TURKLİM üyesi olan DP World, en önemli yatırımlarından birisini "London Gateway" limanına yapmaktadır. Londra'nın yaklaşık 40 km doğusunda yer alacak olan derin su konteyner limanının 3 milyon TEU kapasite ile 2013 yılında hizmete girmesi planlanmaktadır. Liman aynı zamanda Avrupa'nın en büyük lojistik parklarından birisi olacak şekilde inşa edilmektedir.
- En büyük konteyner operatörleri sıralamasında ikinci sırada olan MSC ile Türk Asyaport şirketi işbirliğinde 450 milyon dolarlık yatırımla Tekirdağ'a yapılan Asyaport'un 2013 yılında hizmete başlamasıyla Avrupa'nın üçüncü büyük limanı olması beklenmektedir[23].

---

[22] Türkiye Liman İşletmecileri Derneği ve Dokuz Eylül Üniversitesi Soner Esmer ve Ersel Zafer Oral, Türk Limancılık Sektörü Raporu 2012, Atölye Ofset, 2012, s.29.

[23] Dünya Gazetesi, http://www.dunya.com/asyaporta-ilk-gemi-29-ekimde-yanasacak-178094h.htm, 14 Ocak 2013.

- Avrupa Birliği TEN-T Programı ile ortaklaşa finanse edeceği Hollanda'nın Rotterdam Limanına 5 milyon avro yatırımla en son teknoloji (state-of-the-art) Rotterdam World Gateway (RWG) terminalini yapacaktır[24].

Dünyada liman yatırımlarında bu gelişmeler olurken en çok yük elleçleyen limanlara baktığımızda ilk 10 liman içinde 8 limanın Çin limanları olması dikkat çekmektedir. Küresel ticarette ham maddelerin Çin'e doğru taşınmakta olduğunu ve ucuz işçilik ile Çin'de üretimi yapılan mamul, yarı mamulün Çin limanlarından dünya limanlarına taşındıklarını bilinmektedir. Çin'deki yüksek üretim dolayısıyla Çin limanları günümüzde dünyanın en yoğun ve en yüksek kapasiteli limanları olmaktadır. Tablo 7'de görüldüğü gibi dünyanın en çok yük elleçleyen 10 limanından 8'i Çin limanı ve birer Singapur ve Hollanda limanı bulunmaktadır. Şanghay limanı 2009 yılında olduğu gibi 2010 yılında da toplam 650 milyon ton ile en fazla yük elleçleyen liman olmuştur. Liman 2009 yılına göre % 10,2 oranında yük artışı göstermiştir. Şanghay limanını yine bir Çin limanı olan Ningbo limanı 627 ton ile izlerken, Singapur limanı 463,1 milyon ton ile 3. sırada yer almaktadır. Ancak iki liman ile Singapur limanı arasında önemli oranda yük farkı bulunmaktadır. Avrupa'da bulunan Rotterdam limanı ise 429 milyon ton elleçleme ile dünyada en fazla yük elleçleyen 4. limandır (Tablo 5).

Tablo 5: Dünyanın en fazla yük elleçleyen limanları[25]

Sıra	Liman Adı	Ülke	Metrik Ton* (Milyon)		
			2009	2010	Değişim (%)
1	Shanghai	Çin	590,0	650,0	10,2
2	Ningbo-Zhoushan	Çin	570,0	627,0	10,0
3	Singapore	Singapur	434,5	463,1	6,6
4	Rotterdam	Hollanda	387,0	429,9	11,1
5	Tianjin	Çin	380,0	408,0	7,4
6	Guangzhou	Çin	375,0	400,0	6,7
7	Qingdao	Çin	315,5	350,1	11,0
8	Dailan	Çin	203,7	300,8	47,7
9	Hong Kong	Çin	243,0	267,8	10,2
10	Qinhuangdao	Çin	243,9	257,0	5,4
11	Busan	Güney Kore	208,1	241,1	15,9

[24] World Maritime News, http://worldmaritimenews.com/archives/76293, 8 Şubat 2013.

[25] Türkiye Liman İşletmecileri Derneği ve Dokuz Eylül Üniversitesi Soner Esmer ve Ersel Zafer Oral, Türk Limancılık Sektörü Raporu 2012, Atölye Ofset, 2012, s.32.

* Bazı limanlar navlun ton (freight ton) ölçüsünü kullanırken bazıları metrik ton (metric ton) ölçüsü kullanmaktadır. Bu tabloda tüm değerler metrik tona dönüştürülmüştür. Bu dönüşüm için navlun ton ölçüsü kullanan limanların değerleri 0,920 ile çarpılmıştır.

12	Houston	ABD	155,5	225,0	44,7
13	South Louisiana	ABD	195,6	223,3	14,2
14	Shenzhen	Çin	194,0	221,0	13,9
15	Rizhao	Çin	181,3	221,0	21,9

Konteyner limanları açısından bakılacak olursa dünyada en fazla konteyner elleçleyen liman 2009 yılından itibaren Şanghay limanı olmaktadır. 2011 yılında 31.700.000 TEU konteyner elleçleyen Şanghay limanı 30 milyon TEU konteyner elleçleyen il ve tek liman olmuştur. Şanghay limanını 29.937.700 TEU elleçleyen Singapur ve 24.384.000 TEU elleçleyen Hong Kong limanları takip etmektedir. Yine en çok konteyner elleçleyen limanlara baktığımızda ilk 10 limanın 6 tanesi Çin limanları, 1 tane Avrupa, 1 tane Güney Kore ve 1 tane de Birleşik Arap Emirlikleri olduğu görülmektedir. Yine aynı listede bakıldığında 2010 yılında 49. sırada yer alan Türkiye'den İstanbul limanının 2011 yılında % 5,7'lik artışla 46. sıraya yükseldiğini görmekteyiz (Tablo 6). Dünyada konteyner elleçleyen limanların sıralamasının verildiği Containerzational International dergisinin 2012 sayısında verilen ilk 100 konteyner limanları sıralamasına bakıldığında 2010 yılında 441.046.725 TEU elleçlenen konteyner sayısı % 7,76 artışla 2011 yılında 475.269.059 TEU olarak gerçekleşmiştir.

Tablo 6: Dünyada en fazla konteyner elleçleyen ilk 10 liman (TEU)[26]

Sıra		Liman	Ülke	Elleçlenen Yük (TEU)			Değişim (%)
2011	2010			2011	2010	Fark	
1	1	Shanghai	Çin	31.700.000	29.069.000	2.631.000	9,0
2	2	Singapore	Singapur	29.937.700	28.430.800	1.506.900	5,3
3	3	Hong Kong	Çin	24.384.000	23.532.000	852.000	3,6
4	4	Shenzhen	Çin	22.569.800	22.509.700	60.100	0,2
5	5	Busan	Güney Kore	16.184.706	14.157.291	2.027.415	14,3
6	6	Ningbo	Çin	14.686.200	13.144.000	1.542.200	11,7
7	7	Guangzhou	Çin	14.400.000	12.550.000	1.850.000	14,7
8	8	Qingdao	Çin	13.020.000	12.012.000	1.008.000	8,4
9	9	Dubai	Birleşik Arap Emirlikleri	13.000.000	11.600.000	1.400.000	12,0
10	10	Rotterdam	Hollanda	11.876.921	11.145.804	731.117	6,5

26 Containerzational International, Top 100 Container Ports 2012.

46	49	İstanbul	Türkiye	2.686.000	2.540.353	145.647	5,7

Drewry raporlarına göre dünyadaki en önemli konteyner operatörleri Tablo 7'deki gibidir[27].

Tablo 7: Dünyadaki en önemli konteyner operatörleri

Sıra	Terminal Operatörü	TEU (milyon)	Pay (%)
1	PSA	51,3	9,4
2	HPH	36	6,6
3	DPW	32,6	6
4	APMT	31,6	5,8
5	SIGP	19,5	3,6
6	CHINA MERCHANTS	17,3	3,2
7	COSCO	13,6	2,5
8	MSC	9,9	1,8
9	SSA MARINE/CARRIX	8,6	1,6
10	MODERN TERMINALS	8,3	1,5

29 ülkede 17 konteyner terminali işleten Port of Singapore Authority grubu 51 milyon TEU elleçleme ile açık ara dünyada en fazla konteyner elleçleyen terminal operatörüdür. PSA Türkiye'de TURKLİM üyesi Mersin Uluslararası Limanı'nın ortağıdır. 2. Sırada yer alan, 26 ülkede 52 liman işleten Hutchison Port Holdings (HPH) ise toplamda 26 milyon elleçleme ile dünyada işlem gören toplam konteynerin % 6,6'sını elleçlemektedir. 10 ülkede 60 terminal işleten Dubai Ports World grup ise toplam 32,6 milyon TEU ile 3. sırada yer almaktadır[28].

Tablo 8: Gelişmekte olan ülkelerde konteyner elleçlemesi (2010-TEU)[29]

Sıra	Ülke	2010 (TEU)
1	Çin	128.544.458
2	Singapur	29.178.200
3	Hong Kong	23.532.000
4	Güney Kore	18.487.580
5	Malezya	17.975.796
6	Birleşik Arap Emirlikleri	15.195.223
7	Tayvan	12.302.111
8	Hindistan	8.942.725
9	Endonezya	8.960.360

[27] Türkiye Liman İşletmecileri Derneği ve Dokuz Eylül Üniversitesi Soner Esmer ve Ersel Zafer Oral, Türk Limancılık Sektörü Raporu 2012, Atölye Ofset, 2012, s.34.

[28] Türkiye Liman İşletmecileri Derneği ve Dokuz Eylül Üniversitesi Soner Esmer ve Ersel Zafer Oral, Türk Limancılık Sektörü Raporu 2012, Atölye Ofset, 2012, s.34.

[29] The United Nations Conference on Trade and Development (UNCTAD), **The Review of Maritime Transport 2012,** Switzerland, 2012, s.87.

10	Brezilya	7.979.626
15	Türkiye	5.886.353

Gelişmekte olan ülkeler içinde Çin, 2010 yılında 128 milyon konteyner elleçlemesi ile açık ara öndedir. Çin'i 29 milyon TEU ile Singapur ve 23 milyon TEU ile Hong Kong izlemektedir. Türkiye 2010 yılında toplam 5,5 milyon TEU ile 15. sırada yer almaktadır (Tablo 8).

1.2.3. Türkiye'nin Yakın Çevresindeki Limanlardaki Gelişmeler

Türk limanları, Türkiye'nin konumundan dolayı özellikle konteyner yükünde bir çok komşu ya da yakın ülke limanları ile rekabet halindedir. Tablo 9'da bu limanlarda gerçekleşen toplam yük elleçlemesi ton cinsinden verilmektedir. 2010 yılında bu limanlar içinde Fransa'nın Akdeniz kıyısındaki Marsilya Limanı 86 milyon ton ile en fazla yük elleçleyen liman olurken, onu Rusya'nın Novoroski limanı 81 milyon ton ile izlemektedir. Liman Başkanlıkları bazında değerlendirildiğinde 2011 yılında BOTAŞ'da 65,5 milyon ton ve Kocaeli'de 55 milyon ton yük elleçlemesi gerçekleşmiştir.

Tablo 9: Türkiye'ye yakın ülke limanlarındaki yük hareketleri[30] (milyon ton)

Ülke	Liman	2010	2009	Değişim (%)
Mısır	İskenderiye	48,7	45,5	7,1
	Dimyat	28,7	29,4	-2,2
	Port Said (East)	24,6	22,8	7,5
	Port Said (West)	10,7	8,8	20,6
	El Sokhna	7,4	4,9	50,8
İsrail	Hayfa	22,0	19,8	11,0
	Aşdod	18,5	14,9	24,2
Lübnan	Beyrut	6,5	6,3	3,2
Yunanistan	Pire	12,7	13,2	-3,8
	Selanik	16,1	15	7,3
İtalya	Cenova	50,7	47,5	6,7
	Trieste	47,4	44,4	6,8
	Gioia Tauro	35,4	34,3	2,8
	Taranto	34,9	27,2	28
	Savona	14,1	14,5	-2,8
	Leghorn	22,7	22,2	2,2
	Salerno	9,8	8,6	13,8
	Venedik	26,4	25,2	4,8

[30] Türkiye Liman İşletmecileri Derneği ve Dokuz Eylül Üniversitesi Soner Esmer ve Ersel Zafer Oral, Türk Limancılık Sektörü Raporu 2012, Atölye Ofset, 2012, s.35.

	Ravenna	21,9	18,7	17,1
	La Spezia	18,0	14,3	25,6
İspanya	Valencia	63,7	57,5	10,8
	Barselona	43,0	41,8	2,9
	Tarragona	32,6	31,3	4,1
	Kartagena	19,1	20,5	-6,9
	Algeciras	65,7	64,2	2,3
Fransa	Marsilya	86,0	83,2	3,4
Bulgaristan	Burgaz	12,4	13,3	-7,0
	Varna	8,0	6,7	19,4
Romanya	Köstence	47,6	42	13,2
Rusya	Novoroski	81,6	86,5	-5,7

Türkiye'ye yakın ülke limanlarındaki konteyner hareketleri incelendiğinde 2011 yılında İspanya'nın Valencia limanı 4.327.371 TEU konteyner elleçlemesi ile Akdeniz'de ilk sıradadır. Onu 3.880.977 TEU ile Mısır'ın Port Said limanı ve 3.601.267 TEU ile İspanya'nın Algeciras limanı takip etmektedir. Türkiye'den İstanbul'da bulunan Ambarlı limanı 2010 ve 2011 yıllarında ilk beş içerisinde yer almaktadır (Tablo 10).

Tablo 10: Türkiye'ye yakın ülke limanlarındaki konteyner hareketleri[31] (TEU)

Sıra	Liman Adı	Ülke	2011	2010	2009
1	Valencia	İspanya	4.327.371	4.206.937	3.654.000
2	Port Said	Mısır	3.880.977	3.464.453	3.257.984
3	Algeciras	İspanya	3.601.267	2.810.242	3.043.000
4	Ambarlı	Türkiye	2.697.886	2.540.353	1.836.030
5	Marsaxlokk	Malta	2.360.489	2.370.729	2.260.000
6	Gioia Tauro	İtalya	2.305.000	2.851.000	2.800.000
7	Barselona	İspanya	2.034.119	1.945.733	1.797.000
8	Cenova	İtalya	1.847.102	1.759.000	1.534.000
9	La Spezia	İtalya	1.307.274	1.285.455	1.046.063
10	Hayfa	İsrail	1.240.000	1.263.552	1.040.000
11	Aşdod	İsrail	1.170.000	1.018.000	893.000
12	Mersin Uluslararası Limanı	Türkiye	1.129.609	1.024.171	843.917
13	Dimyat	Mısır	1.019.000	1.060.053	1.263.502
14	İzmir	Türkiye	690.539	727.675	826.645
15	Köstence	Romanya	662.796	556.694	594.299
16	Novorossiyski	Rusya	634.746	471.400	234.800
17	Pire	Yunanistan	490.894	513.319	667.000
18	Gemport	Türkiye	462.987	269.276	214.056

[31] Türkiye Liman İşletmecileri Derneği ve Dokuz Eylül Üniversitesi Soner Esmer ve Ersel Zafer Oral, Türk Limancılık Sektörü Raporu 2012, Atölye Ofset, 2012, s.36.

19	Odesa	Ukrayna	455.539	351.600	255.555
20	Evyap	Türkiye	283.903	248.240	156.321
21	Ilichevsk	Ukrayna	259.989	301.500	256.825
22	Nemport	Türkiye	256.598	139.684	6.902
23	Poti	Gürcistan	253.845	209.797	172.800
24	Yılport	Türkiye	230.884	184.533	133.368
25	Haydarpaşa	Türkiye	204.652	176.468	187.365
26	Borusan	Türkiye	195.196	193.190	146.24
27	Port Akdeniz	Türkiye	169.424	125.670	59.528
28	Ege Gübre	Türkiye	127.961	99.388	885
29	Varna	Bulgaristan	122.844	118.702	112.611
30	Roda Port	Türkiye	107.322	108.083	84.653

1.2.4. Türkiye'de Konteyner Taşımacılığı

Ticaretin dünyadaki artışına paralel olarak Türkiye'de ticaretteki payını arttırmıştır. Türkiye İstatistik Kurumu yıllara göre dış ticaret istatistiklerine göre 2012 yılında 152 milyar 500 milyon dolar ihracat ve 236 milyar 500 milyon dolar ithalat ile toplamda 389 milyar dolar dış ticaret hacmi ile dünyanın en büyük 17. ekonomisi durumuna gelmiştir (Tablo 11). Dış ticaretteki taşımalarımızın büyük bir kısmını denizyolu ile gerçekleştirilmektedir. Dış ticaretteki bu artışa bağlı olarak Türkiye konteyner taşımacılığı da artış göstermiş ve 2012 yılında 7.192.396 TEU konteyner elleçlenmiştir[32].

Tablo 11: Türkiye'nin 2003-2012 yılları dış ticareti[33]

	İhracat		İthalat		Dış ticaret dengesi	Dış ticaret hacmi	İhracatın ithalatı karşılama oranı
	Değer	Değişim	Değer	Değişim	Değer	Değer	Yüzde
Yıllar	'000 $	%	'000 $	%	'000 $	'000 $	%
2003	47.252.836	31	69.339.692	34	-22.086.856	116.592.528	68
2004	63.167.153	34	97.539.766	41	-34.372.613	160.706.919	65
2005	73.476.408	16	116.774.151	20	-43.297.743	190.250.559	63
2006	85.534.676	16	139.576.174	20	-54.041.498	225.110.850	61

---

[32] Deniz Ticareti Genel Müdürlüğü, İstatistik Bilgi Sistemi, Konteyner İstatistikleri, Aylar Bazında Elleçleme, (08.03.2013), https://atlantis.denizcilik.gov.tr/istatistik/istatistik_konteyner.aspx

[33] Türkiye İstatistik Kurumu, Dış Ticaret İstatistikleri, Yıllara Göre Dış Ticaret, (08.03.2013), http://www.tuik.gov.tr/VeriBilgi.do?alt_id=12

2007	107.271.75 0	25	170.062.71 5	22	-62.790.965	277.334.464	63
2008	132 027 196	23	201.963.57 4	19	-69.936.378	333.990.770	65
2009	102 142 613	- 23	140.928.42 1	- 30	-38.785.809	243.071.034	72
2010	113 883 219	11	185.544.33 2	32	-71.661.113	299.427.551	61
2011	134 906 869	18	240.841.67 6	30	- 105.934.80 7	375.748.545	56
2012 *	152 536 653	13	236.544.49 4	- 2	-84.007.842	389.081.147	64

*2012 Yılı verileri geçicidir.

Yıllara göre Türk limanlarında elleçlenen toplam konteynerin grafiği Şekil 5'te görülmektedir. Görüldüğü gibi 2009 yılında küresel kriz nedeniyle yaşanan düşüş dışında her yıl elleçlenen konteyner trafiği Türkiye'de artmaktadır. Ulaştırma, Denizcilik ve Haberleşme Bakanlığı Deniz Ticareti Genel Müdürlüğü istatistiklerinden alınan veriler de; 2012 yılında gerçekleşen 7.192.396 TEU elleçlemenin 3.575.196 TEU'su yükleme, 3.617.201 TEU'su boşaltma olarak gerçekleşmiştir. Bu gelişmelere paralel olarak önümüzde ki yıllarda dünyada olduğu gibi Türkiye'de de konteyner taşımacılığının artması beklenmektedir. Türkiye yeni liman yatırımları ile bu artışı karşılamaya çalışmaktadır.

Şekil 5: Yıllara göre Türkiye'de elleçlenen toplam konteyner miktarı (TEU)[34]

[34]Deniz Ticareti Genel Müdürlüğü, İstatistik Bilgi Sistemi, Konteyner İstatistikleri, (08.03.2013), https://atlantis.denizcilik.gov.tr/istatistik/istatistik_konteyner.aspx

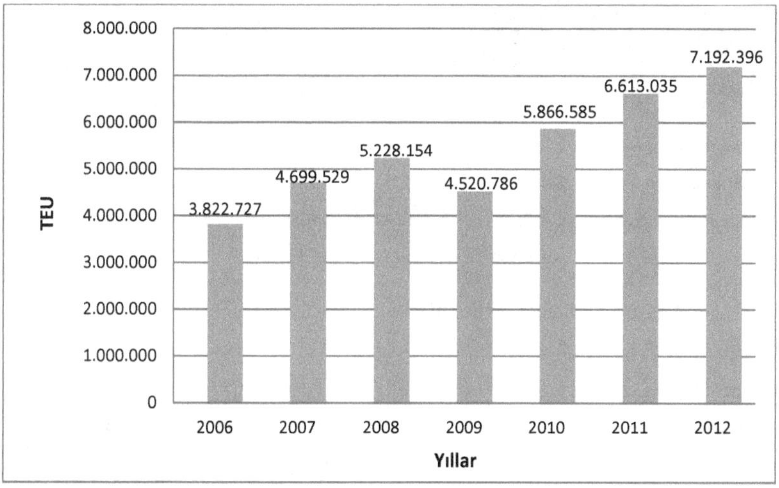

Yapılan konteyner elleçlemesinin yarısından fazlası Türkiye'nin önemli sanayii merkezlerinin bulunduğu Marmara Bölgesi limanlarında gerçekleştirilmektedir. Şekil 6'da Türkiye'de konteyner elleçleyen limanlar görülmektedir.

Şekil 6: Türkiye'de konteyner elleçleyen limanlar

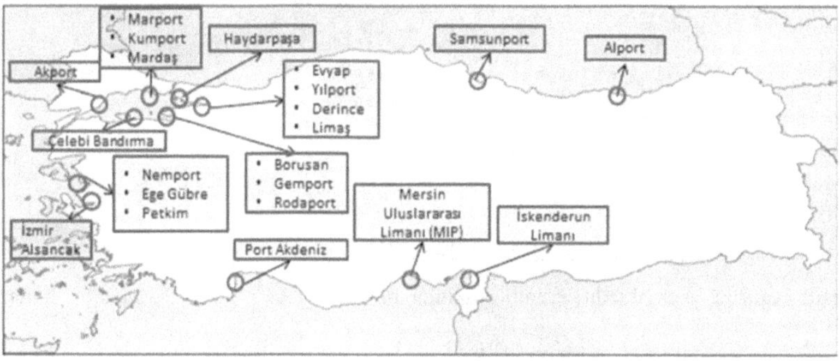

Türkiye Liman İşletmecileri Derneği (TÜRKLİM) üyesi limanlar 2011 yılında 5.7 milyon TEU elleçleme yaparak toplam elleçlemenin % 85,9'unu gerçekleştirirken, kamu limanlarının payı 897 bin TEU ile %13,6 olmuştur. Tablo 12'de yıllara göre elleçlenen konteyner miktarlarının kamu ve özel sektör dağılımı verilmiştir.

Tablo 12: Türkiye'de elleçlenen konteyner miktarları kamu-özel dağılımı (TEU)[35]

	2007	2008	2009	2010	2011
TÜRKLİM	3.390.479	3.964.373	3.485.468	4.932.984	5.679.069
Diğer Özel Limanlar	10.345	22.141	21.057	28.658	36.950
Özel Liman Toplamı	3.400.824	3.986.514	3.506.525	4.961.642	5.716,019
Kamu Limanları	1.298.705	1.241.640	1.014.261	904.943	897.016
TOPLAM	4.699.529	5.228.154	4.520.786	5.866.585	6.613.035

Şekil 7'de görüldüğü gibi 2011 yıllında elleçlenen konteynerlerin bölgesel dağılımına bakıldığında % 63'ü Marmara Bölgesi, % 20'si Akdeniz Bölgesi, % 16'sı Ege Bölgesi, % 1'i Karadeniz Bölgesi limanlarında elleçlenmiştir. En fazla konteyner elleçleyen illerimize bakıldığında ilk sırada 2.830.793 TEU ile İstanbul, ikinci sırada 1.126.866 TEU ile Mersin, üçüncü sırada 1.049.633 TEU ile İzmir ve dördüncü sırada 757.128 TEU ile Bursa bulunmaktadır[36].

Şekil 7: Türkiye'de elleçlenen konteynerin bölgesel dağılımı[37]

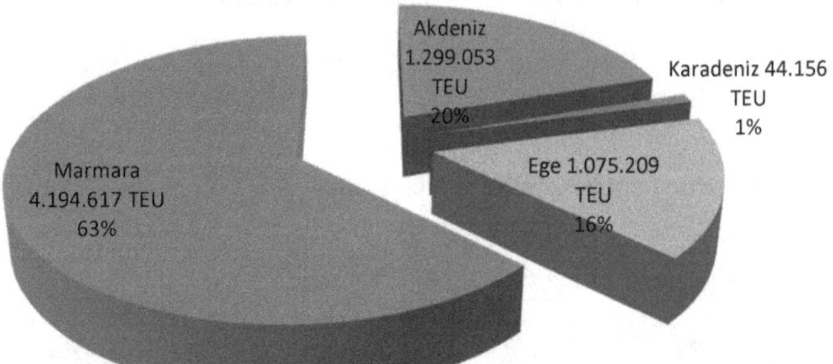

Türk limanları artan konteyner trafiğine karşı gerek altyapı gerekse üst yapılarına çeşitli yatırım yapmaktadır. Bunun yanında birçok yabancı şirket Türkiye'de liman

[35] Türkiye Liman İşletmecileri Derneği ve Dokuz Eylül Üniversitesi Soner Esmer ve Ersel Zafer Oral, Türk Limancılık Sektörü Raporu 2012, Atölye Ofset, 2012, s.55.

[36] Deniz Ticareti Genel Müdürlüğü, Deniz Ticareti İstatistikleri 2012, 01.05.2012, s.30.

[37] Türkiye Liman İşletmecileri Derneği ve Dokuz Eylül Üniversitesi Soner Esmer ve Ersel Zafer Oral, Türk Limancılık Sektörü Raporu 2012, Atölye Ofset, 2012, s.60.

yatırımları yapmaktadır. 2011 yılında konteyner elleçleyen ilk 10 liman Tablo 13'te verilmektedir.

Tablo 13: 2011 yılında Türkiye'de en fazla konteyner elleçlenen 10 liman tesisi[38]

Sıra	Liman Tesisi	Toplam Elleçleme (TEU)	Toplam Elleçleme İçindeki % Oran	Önceki Yıla Göre % Değişim
1	Ambarlı Marport Terminalleri	1.365.762	20,94	-9,41
2	Mersin Uluslararası Limanı	1.115.114	17,09	9,83
3	Ambarlı Kumport Terminali	847.581	12,99	40,46
4	İzmir TCDD Alsancak Limanı	672.486	10,31	-6,09
5	Gemlik Gemport Limanı	458.693	7,03	72,72
6	Ambarlı Mardaş Terminali	411.333	6,31	16,6
7	Kocaeli Evyap Limanı	285.765	4,38	16,57
8	Aliağa Akdeniz Kimya Nemport Limanı	251.774	3,86	87,62
9	Kocaeli Yılport Terminali	218.862	3,35	28,8
10	Haydarpaşa TCDD Limanı	206.020	3,16	17,13
	TOPLAM	5.883.390	89,42	11,25
	DİĞER LİMAN TESİSLERİ	690.116	10,58	
	TOPLAM ELLEÇLEME	6.523.506	100	13,58

Türkiye Doğu–Batı, Güney–Kuzey ulaştırma koridorlarının üzerinde yer almaktadır. Coğrafi konumu nedeniyle bulunduğu coğrafyada yük trafiğini şekillendirecek bir yere sahiptir[39]. Gerçekleştirilecek uygun yatırımlar ile bölgedeki yük trafiğinden önemli pay alabilecektir. Bunun sağlanabilmesi için devletin gerekli önlemleri alarak çalışmalar yapması gerekse liman işletmecilerinin gerekli yatırımları yapması gerekmektedir.

1.3. Konteynerin Tanımı

Konteyner, standart bir kaptır. Boyutları ve darası bir örnek olan bu kaplar Türkçe'de yüklük olarak bilinmektedir[40]. İngilizce "container" kelimesinden dilimize girerek daha çok konteyner olarak kullanılmaktadır. Konteynerler yapılarına göre farklı özelliklere sahip bulunmakla birlikte belirli standartlarda üretilmektedir. Böylelikle dünyanın her yerinde standart ölçüler baz alınarak taşıma operasyonları yürütülmektedir.

---

[38] Deniz Ticareti Genel Müdürlüğü, Deniz Ticareti İstatistikleri 2012, 01.05.2012, s.32.

[39] Soner Esmer, Ersel Zafer Oral, Türkiye'de Konteyner Limanlarının Geleceği, Türkiye'in Kıyı ve Deniz Alanları 7. Ulusal Kongresi Bildiriler Kitabı, Ankara, 27-30 Mayıs 2008, s.558

[40] Necmettin Akten, Taşımacılık Kılavuzu, İstanbul Ticaret Odası, İstanbul, 1995, s.141.

Denizyolu konteyner taşımacılığının ilk dönemlerinde konteynerler Amerikan Standartları Enstitüsü (ASA) standartlarına uygun olarak üretilmiştir. Günümüzde deniz taşımacılığında kullanılan konteynerler Uluslararası Standartlar Örgütü'nün (ISO) belirlediği standartlara uygun olarak imal edilmektedir. Konteynerlerin kullanım alanının genişliğine paralel olarak çeşitli şekillerde tanımlama yapılmak olup bazı tanımlamaları aşağıda gösterilmiştir[41].

- Yük konteynerinin tanımı Türk Dil Kurumu tarafından "Çeşitli eşyaları taşımak için uluslararası standartlara göre yapılmış büyük sandık" şeklinde yapılmaktadır.
- Çeşitli deniz, kara ve hava taşıtları ile taşınmaya elverişli, uluslararası standart (ISO) ölçülere sahip, içine konan eşyayı her türlü dış etkenlerden koruyup hasara uğramasını ve kaybolmasını önleyen, yüklerin birimleştirilmesini sağlayan, çok sağlam yapıda, pek çok kere kullanılabilen, büyük ölçüde yükleme-boşaltma kolaylığı sağlayan, özel tertibatı bulunan kaplara konteyner denilmektedir.
- Dayanıklılığını arttırmak için oluklu, hafif, sağlam alüminyum alaşımlı levhalardan yapılmış, büyük kamyon ve vagonlara sığabilecek yaklaşık 2,5 x 2,5 x 6 m. boyutlarında kapalı kutu.
- Uluslararası standart ölçülere göre sac ve alüminyumdan yapılmış, yükleme ve boşaltma hizmetlerinde zaman tasarrufu ile yükün dış etkenlerden korunmasını amaçlayan ve yükün birimleştirilmesini sağlayan 5-25 ton kapasiteli su geçirmez (sandık) yüklük gibi tarifleri yapmakta mümkündür.
- Uluslararası Standartlar Örgütü'nün (ISO 668:1995(E)) verdiği tarife göre konteyner; tekrar tekrar kullanabilmek için devamlılık özelliğine sahip ve bu sağlamlıkta olan, yüklerin açılıp kapanmadan bir veya birkaç vasıtada taşınmasını kolaylaştıracak tarzda inşa edilmiş, özellikle bir vasıtadan diğerine bindirme sırasında kolaylıkla elden geçirilmesini sağlayan, Kolay doldurulup boşaltılacak şekilde yapılmış taşıma kaplarıdır[42].

Konteynerin taşıma alanında sağladığı bazı avantajlar vardır. Bunları şöyle sıralamak mümkündür;

---

[41] Metin Özyılmaz, İMEAK İzmir Deniz Ticaret Odası Şubesi, Gemi Acenteliği Eğitimi Bilgi Notu, İzmir, 2007

[42]Container Trasportation, Freight Container, http://www.container-transportation.com/freight-container.html, (09.03.2013)

- Yükleri birimleştirme imkanı sağlaması,
- İçine konan eşyayı her türlü dış etkenlerden koruması,
- Çeşitli yüklerin aynı konteynerde taşınabilmesi,
- İçindeki eşyaların güvenli bir şekilde elleçlenebilmesi ve taşınabilmesi,
- Birçok eşyanın bir kerede elleçlenebilmesi,
- Taşıma kolaylığı sağlaması,
- Bir taşıma sisteminden diğerine kolayca aktarılabilmesi,
- Taşıma ücretlerinde tasarruf sağlaması,
- Taşınan mallara ambalaj görevi görmesi,
- Birçok kere kullanılabilir olması, gibi önemli kolaylık ve avantajları bulunmaktadır.

1.4. Konteyner Temel Yapısı ve Bileşenleri

Şekil 8'de görüldüğü gibi konteynerin temel yapısı dört köşesinde bulunan direkler ile bunları alt ve üst tarafından birleştiren kenarlardan (çerçeve) ve bunu tamamlayan duvarlardan oluşmaktadır. Konteynerin en sağlam yerleri köşe direkleri ile bu çerçeve kısmıdır.

Şekil 8: Konteynerin ana çerçevesi

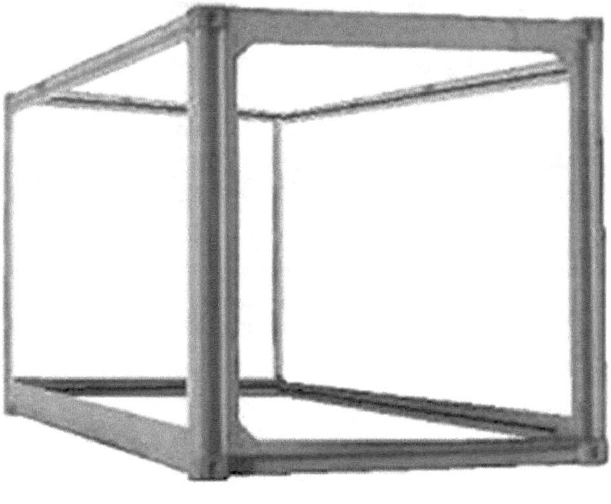

Şekil 9'da görüldüğü gibi standart bir konteyner; temelde yan ve ön duvarlar, taban ve çatı panelinden oluşmaktadır. Konteynerlerin tabanları, yükü yerleştirmeye ve taşımaya uygun üretilmektedir. Kuvvet taban üzerine eşit dağıtılmakta, dikey taban destekleri konteyner tabanını tutmakta ve taban olarak kullanılacak malzemeye destek olmaktadır. Taban kolay temizlenebilecek şekilde tasarlanmaktadır. Belirtilen yan ve ön duvarlar, çatı paneli ve taban konteynerin çekirdek yapısını oluşturmakta ve içerisine konulan yükleri taşıyabilecek derecede sağlam olmalıdır.

Şekil 9: Konteynerde yan duvarlar, ön duvar, arka duvar, çatı paneli ve tavan

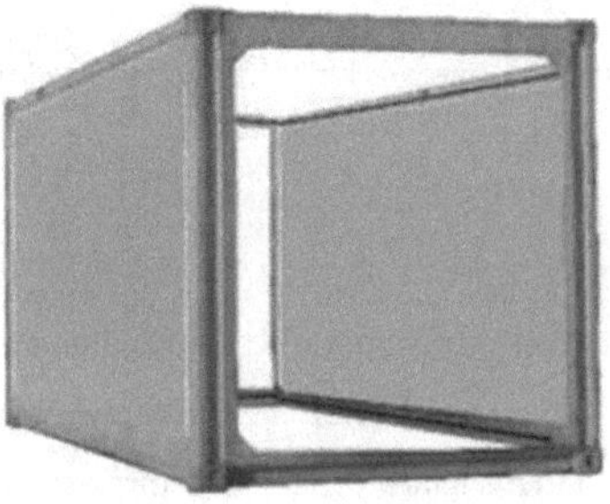

a) Yan Duvarlar

b) Ön ve Arka Duvarlar

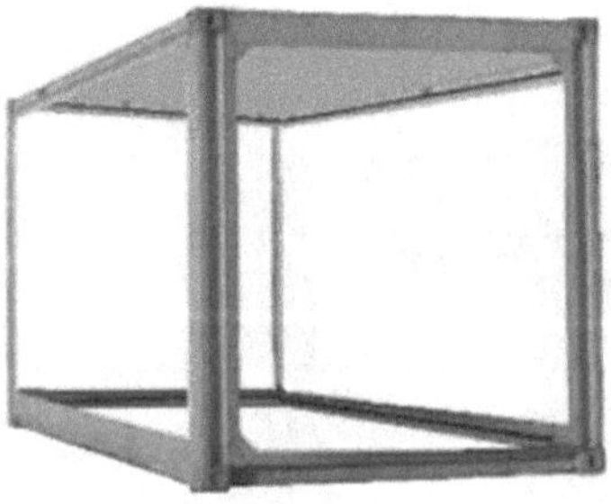

c) Catı Paneli

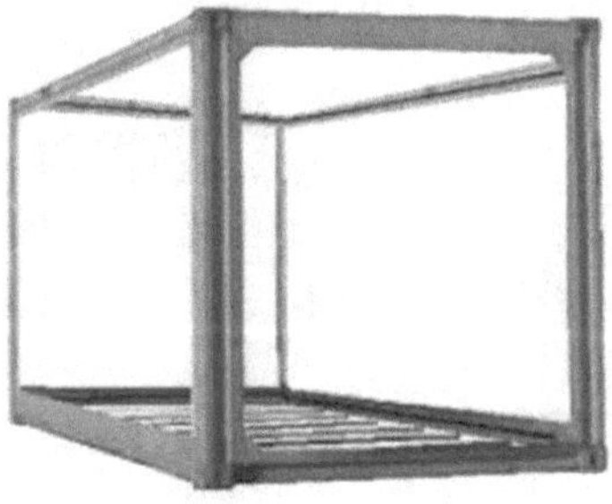

d) Taban

Standart bir konteyneri oluşturan pek çok parça bulunmaktadır (Şekil 10). Konteynerin temel bileşenleri;

- Çatı paneli,
- Çatı yayı,
- Çatı gergi plakası,

- Yan duvarlar,
- İç kaplamalar,
- İç kaplama korumaları,
- Kapı çerçevesi,
- Kapı eşik plakası,
- Darbe plakası,
- Dikey destek,
- Forklift boşlukları,
- Duvar desteğinden oluşmaktadır. Bütün bu bileşenler tek başına ele alındıklarında basit parçalar gibi görünse de aslında her birinin tasarım, yapı malzemesi ve işlevi farklıdır.

Şekil 10: Konteyner bileşenleri[43]

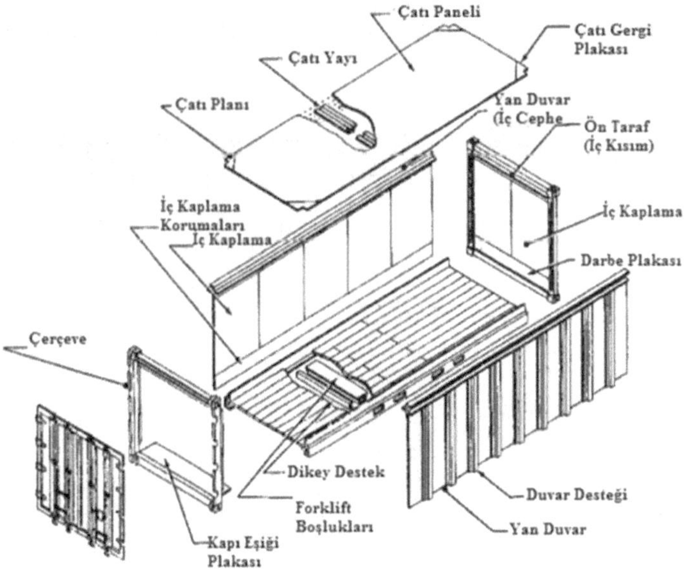

[43] Mehmet Sıtkı Saygılı, Murat Erdal, (2008, Konteyner Türleri Ve Yükleme, Murat Erdal (Editor), Konteyner Deniz ve Liman İşletmeciliği, İstanbul, Beta Basım A.Ş., s.20.

1.5. Konteyner Türleri

Yük taşıtanların gereksinimlerini karşılamak amacıyla değişik tip, boyut ve malzemeden yapılmış konteynerler bulunmaktadır. Bu sayede ticaret ve taşımada, yükün özellikleri dikkate alınarak uygun konteyner seçilebilmektedir. Konteyner türlerini temelde boyutlarına göre konteynerler, kullanılan malzemeye göre konteynerler ve kullanım amaçlarına göre konteynerler olarak sınıflandırabiliriz.

1.5.1. Boyutlarına Göre Konteynerler

Uluslararası standartlara göre yapılan konteynerlerin; en, yükseklik ve boy gibi ana boyutları yanında iç hacmi, ağırlık olarak taşıma kapasitesi, kapı açıklıklarının genişlik ve yüksekliği farklı ölçüleri bulunmaktadır. Günümüzde Uluslararası Standartlar Örgütü'nün (ISO) belirlemiş olduğu standartlarda 10'luk, 20'lik, 30'luk, 40'lık ve 45'lik olarak adlandırılan konteynerler bulunmaktadır. Bu şekilde adlandırılmaları konteynerlerin uzunluklarının feet* cinsinden hesaplanmasından kaynaklanmaktadır. Tablo 14'de en çok kullanılan 20'lik, 40'lık ve 45'lik konteyner türlerine ilişkin ölçüler verilmiştir.

Tablo 14: Konteyner Ölçüleri

		20' Konteyner		40' Konteyner		45' Yüksek Konteyner	
		1 TEU		2 TEU		2 TEU	
		Imperial*	Metrik	Imperial	Metrik	Imperial	Metrik
Dış Ölçüler	Uzunluk	19' 10 ½"	6,058 m	40' 0"	12,192 m	45' 0"	13,716 m
	Genişlik	8' 0"	2,438 m	8' 0"	2,438 m	8' 0"	2,438 m
	Yükseklik	8' 6"	2,591 m	8' 6"	2,591 m	9' 6"	2.896 m
İç Ölçüler	Uzunluk	18' 8 13/16"	5,758 m	39' 5 45/64"	12,032 m	44' 4"	13,556 m
	Genişlik	7' 8 19/32"	2,352 m	7' 8 19/32"	2,352 m	7' 8 19/32"	2,352 m
	Yükseklik	7' 9 57/64"	2,385 m	7' 9 57/64"	2,385 m	8' 9 15/16"	2,698 m
Kapı Açıklığı	Genişlik	7' 8 ⅛"	2.343 m	7' 8 ⅛"	2,343 m	7' 8 ⅛"	2,343 m
	Yükseklik	7' 5 ¾"	2,280 m	7' 5 ¾"	2,280 m	8' 5 49/64"	2,585 m
Hacim		1,169 ft³	33,1 m³	2,385 ft³	67,5 m³	3,040 ft³	86,1 m³
Azami Brüt Ağırlık		52,910 lb	24,400 kg	67,200 lb	30,480 kg	67,200 lb	30,480 kg
Boş Ağırlık		4,850 lb	2,200 kg	8,380 lb	3,800 kg	10,580 lb	4,800 kg
Net Kapasite		48,060 lb	21,800 kg	58,820 lb	26,680 kg	56,620 lb	25,680 kg

---

* 1 Feet = 30,48 cm.

* Dünyada bilim ve ticaret alanında kullanılan ölçüm sistemleri: Imperial (İngiliz-Amerikan ölçüm sistemi) ve metrik ölçüm sistemi

Konteyner kapasitesi 20'lik konteyner yada kısaca TEU (twenty-foot equivalent units) olarak ölçülmektedir. 20'lik standart bir konteyner 1 TEU, 40'lık standart bir konteyner 2 TEU'dur (Tablo 14).

1.5.2. Kullanılan Malzemeye Göre Konteynerler

Konteynerlerin üretilmesinde kullanılan malzemeler konteynerlerin isimlendirilmesine de yansımıştır. Konteynerler kullanılan malzemeye göre; çelik konteynerler, alüminyum konteynerler ve kontrplak konteynerler olarak adlandırılmaktadır.

Çelik konteynerler çarpma ve delinmeye karşı dayanıklı, sağlam yapıda olmalarına karşın ağır ve korozyona karşı hassastırlar. Maliyet avantajlarından dolayı günümüzde kullanılan konteynerlerin çoğu çelik konteynerlerdir.

Alüminyum konteynerler yoğunluğu hafif alüminyum levhalardan yapılmış olup, yanları ile alt ve üst tabanları geniş alüminyum levhalardan tek parça olarak yapılmışlar. Ağırlığının az olması özellikle karayolu taşımacılığında önemli bir yarar sağlar. Korozyona karşı çelikten daha dayanıklı olan alüminyumdan yapılmış konteynerlerin iç yüzeyleri koruma ve yalıtım amacıyla kontrplakla kaplanmıştır[44].

Duvar kısımları, fiberglas ve plastik materyal ile güçlendirilmiş kontrplaktan yapılmış olduğundan bu adı almaktadır. Pürüzsüz yüzeyinden dolayı kolay temizlenebilmesi, kolay onarımı ve darbelere görece dayanıklı olması, orta düzeyde bir maliyet ve aynı şekilde orta dara ağırlığı tipik özellikleridir.

1.5.3. Kullanım Amaçlarına Göre Konteynerler

Konteynerleri kullanım amaçlarına göre genel amaçlı yük konteynerleri ve özel amaçlı yük konteynerleri olarak iki ana gruba ayırarak inceleyebiliriz.

1.5.3.1. *Genel Amaçlı Yük Konteynerleri*

Genel amaçlı konteynerler, özel bir tertibat gerektirmeyen ve her türlü eşyanın taşınmasında kullanılmakta olan kapalı tip konteynerleri kapsamaktadır. Standart

---

[44] Reşat Baykal, Karma Taşımacılık Yaklaşımıyla Limanlar ve Terminaller, Birsen Yayınevi, İstanbul, 2012, s.74.

konteyner olarak ta bilinmektedir. Kendi arasında havalandırmasız ve havalandırmalı olmak üzere ikiye ayrılılar.

1.5.3.1.1. Havalandırmasız Konteynerler

Bu tip konteynerlerle çok çeşitli türde eşya taşınabilmekte olup genellikle kuru yük tabir edilen malları taşımakta kullanılırlar. Bu özelliklerinden dolayı da "genel kargo (general cargo)", "kuru yük (dry cargo)", "parça mal", "normal", "standart", "kutu (box)" konteyner gibi çeşitli isimler verilmektedir. Adından da anlaşılacağı gibi taşınması özel bir tertibat gerektirmeyen, özel kargo konteynerleri dışındaki konteynerleri kapsar. Tabanı, duvarları, tavanı olan ve en az bir baş kapısından yükleme-boşaltma yapılabilen konteynerlerdir. Genel olarak çok çeşitli malların taşınmasına uygun olduğundan dünya pazarında dolaşan konteynerlerin çoğunu bu tip konteynerler oluşturmaktadır (Şekil 11).

Şekil 11: Havalandırmasız standart konteyner

1.5.3.1.2. Havalandırmalı (Ventilated) konteynerler

Aynı standart (normal) konteynerler gibidir ve aynı yüklerin taşınmasında kullanılırlar. En önemli farkı havalandırmalı olmasıdır. Taşıma esnasında havalandırma gerektiren yüklerin özellikle yeşil kahve tanelerinin taşınmasında kullanılırlar bu nedenle "kahve konteyneri" olarak ta bilinirler. Havalandırma şekli mekanik olmayan ve mekanik olarak farklılık gösterir. Bazılarında yük kısmının alt veya üst kısmında havalandırma delikleri bulunurken bazıları ise içeriye ya da dışarıya yerleştirilmiş mekanik havalandırma sistemi ile havalandırılırlar (Şekil 12).

Şekil 12: Havalandırmalı konteyner

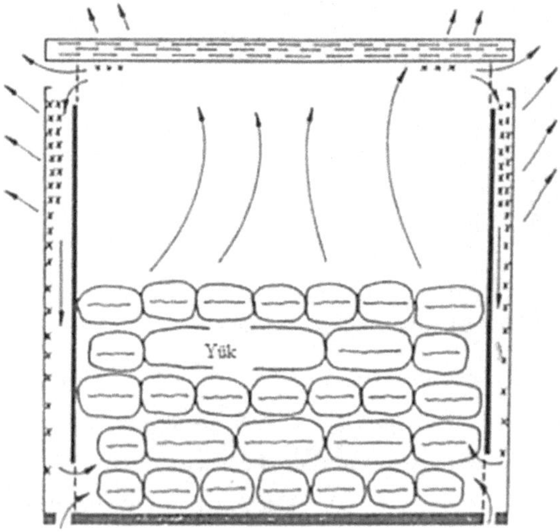

1.5.3.2. *Özel Amaçlı Yük Konteynerleri*

Özel tip konteynerler, genel amaçlı (normal) konteynerler ile taşınmasında sakınca olan veya taşınamayan, diğer eşyalar ile aynı yere konması uygun olmayan ve taşınması özel tertibat gerektiren yüklerin konması için geliştirilmiştir. Bu amaca uygun olarak ta içine konan malın özelliğine ve şekline göre çeşitli tiplere ayrılırlar.

1.5.3.2.1. Üstü Açılabilir (hard top) Konteynerler

Üstü açılabilir konteynerlerin duvarları genel olarak oluklu çelik malzemeden, taban ise ahşap malzemeden yapılmaktadır. Bu konteynerlerin çatıları çıkartılıp takılabilmekte; kapıdan giriş çıkışı mümkün olan yükler ayrıca konteynerin çatı paneli açılarak rahatlıkla forkliftler ile yüklenebilmektedir. Kapıdan girişi elverişli olmayan tek parça yükler ise vinç yardımı ile üstten yüklenebilmekte ve yüksekliği fazla olan yükler çatı paneli çıkarılarak konteyner içine yerleştirilebilmektedir. Bu sayede ağır hacimli yükler rahatlıkla taşınabilmektedir (Şekil 13).

Şekil 13: Üstü açılabilir (hard top) konteyner

1.5.3.2.2. Üstü Açık (open top) Konteynerler

Üstü açık konteynerlerin duvarları genel olarak oluklu çelik malzemeden, taban ahşap malzemeden; çatısı sökülüp, katlanıp, toplanabilecek şekilde özel malzemelerden (tente, muşamba v.b.) üretilmektedir. Üstünün açılabilir olmasının sağladığı esneklik sayesinde standart konteynerler için yüksek olan yükler bu tür konteynerler ile kolayca taşınabilmektedir. Üs kapı eşikleri dışarı doğru açılabilmektedir. Bu özellikleri sayesinde vinç ve forklift ile yükleme ve boşaltma işlemleri kolaylaşmaktadır. Üstü açık konteynerler özellikle yüksekliği fazla kargoların taşınmasında kullanılmak amacıyla tasarlanmışlardır. Ancak her türlü genel kargo taşımasında da kullanılabilmektedirler (Şekil 14).

Şekil 14: Üstü açık (open top) konteyner

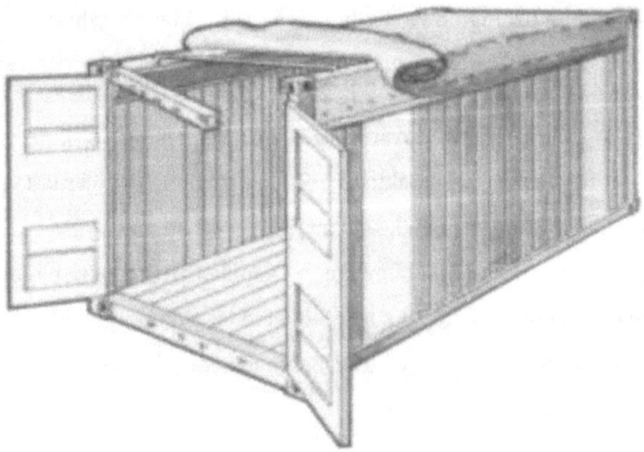

1.5.3.2.3. Açık (flatrack) Konteynerler

Açık (flatrack) konteynerlerin taban yapısı, yüksek yükleme kapasitesi olan çelik çerçeveden oluşmaktadır. Açık konteynerlerin yan duvarları ve tavanı yoktur. Önünde ve arkasında portatif iki adet duvar bulunmaktadır. Bu duvarlar ihtiyaç duyulduğu zaman çıkarılıp takılabilmektedir. Duvarlar sayesinde açık konteynerler güvenli bir şekilde birbiri üzerine istiflenebilmektedir. Genişliği, yüksekliği ve ağırlığı standart dışı olan yüklerin (iş makinaları, fabrika makinaları v.b.) taşınmasında kullanılmaktadır (Şekil 15).

Şekil 15: Açık (flatrack) konteyner

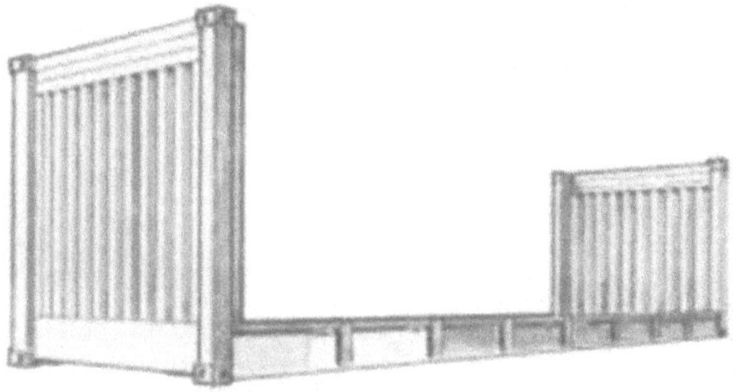

1.5.3.2.4. Düz (platform) Konteynerler

Platform konteynerler, yüksek ağırlıktaki yükleri taşıyabilmek için dayanıklı, güçlü bir tabana sahiptir ve hiçbir şekilde duvar bulunmamaktadır. Platform çelik çerçeve ve ahşap taban kaplamasından oluşmaktadır. Ağır, eni geniş ve boyu uzun olan yüklerin (yat, iş makinası v.b.) taşınmasında kullanılmaktadır (Şekil 16).

Şekil 16: Düz (platform) konteyner

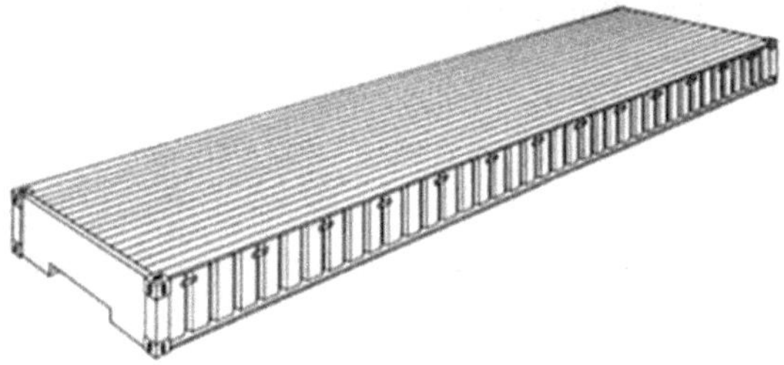

1.5.3.2.5. Isı Kontrollü (reefer) Konteynerler

Isı kontrollü konteynerler, içerisindeki sıcaklık derecesini kontrol etmek ve sabit tutmak amacıyla kendi soğutma ünitesine sahiptirler. Konteyner denizyolu ile taşınırken soğutma sisteminin yetersizliği durumunda, entegre üniteler gemideki güç kaynaklarına bağlanabilmektedir. Sayılan kaynakların yetersiz kaldığı durumlarda geniş dizel jenaratörler kullanılabilmektedir. Konteynerler limanlarda depolama sahalarında güç kaynaklarına bağlanabilmektedir (Şekil 17).

Şekil 17: Isı kontrollü (reefer) konteyner

1.5.3.2.6. Dökme Yük Konteynerleri

Dökme yük konteynerleri, özellikle tahıl gibi ambalajlanamayan ama toplu halde yüklenen dökme yük taşımalarında kullanılmaktadır. Her bir konteynerin üzerinde yükleme ve boşaltma işleminin yapıldığı üç ana kapak bulunmaktadır. Yükleme ve boşaltma işleminin sağlıklı yapılabilmesi için hortumlar kullanılmaktadır[45](Şekil 18)

---

[45] Metin Çancı, Murat Erdal, Uluslararası Taşımacılık Yönetimi, Utikad Yayınları, İstanbul, Ağustos 2003, s.250.

Şekil 18: Dökme yük konteyneri

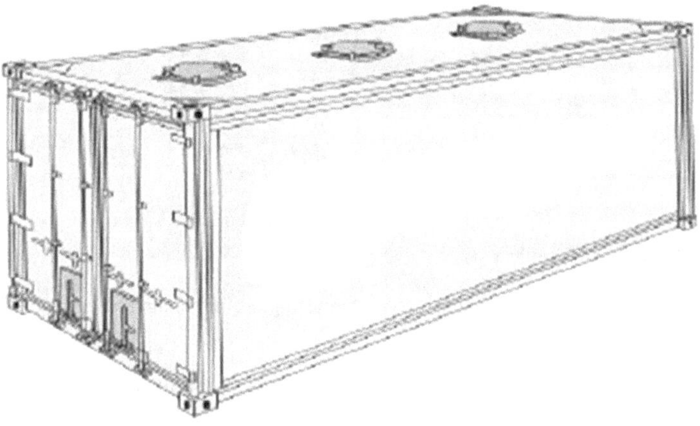

1.5.3.2.7. Tank Konteynerler (tanktainer)

Tank konteynerler sıvı ve gaz haldeki kargoların taşınmasında kullanılmaktadır. Sıvı maddeler de gıda maddeleri (meyve suları, bitkisel yağlar v.b.) ve kimyasallar (yakıt, amonyum v.b.) olarak ikiye ayrılmaktadır. Tank konteynerler genelde silindir veya küresel bir görünümde olmaktadır. Gıda maddesi taşımak için sadece özel olarak üretilenler kullanılmaktadır ve üzerinde "Sadece İçilebilir Sıvı" ibaresi yazılmaktadır. Tehlikeli madde taşınacak olan tank konteynerlerin üzerinde, taşınan maddenin Uluslararası Denizyolu Taşımacılığında Tehlikeli Madde Kodu (IMDG Code*) bulunmaktadır. Taşınan kargonun özelliklerine göre yükleme ve taşıma talimatları hazırlanmaktadır. Taşınan yükün özelliklerine göre yükleme ve taşıma talimatları hazırlanmaktadır46(Şekil 19)

---

* IMDG Code: International Maritime Dangerous Goods Code

[46] Mehmet Sıtkı Saygılı, Murat Erdal, (2008, Konteyner Türleri Ve Yükleme, Murat Erdal (Editor), Konteyner Deniz ve Liman İşletmeciliği, İstanbul, Beta Basım A.Ş., s.28.

Şekil 19: Tank konteyner (tanktainer)

1.6. Konteyner Gemileri

Ölçek ekonomisi ilkesi denizyolu taşımacılığının temelidir. Gemi büyüklüğü arttıkça taşınan yük miktarı artmakta böylece birim yük başına taşıma maliyeti düşmektedir. Bu eğilim özellikle konteyner ve dökme yük taşımacılığında görülmektedir. Örneğin; konteyner gemilerinin evrimine baktığımızda değişen dünya şartlarına göre gemiler değişmiş yıllar geçtikçe konteyner gemi kapasiteleri büyümüştür. Yeni sınıflar genellikle o sınıfın ilk gemisinin ismiyle adlandırılmaktadır[47] (Şekil 20).

Şekil 20: Konteyner gemileri sınıfları

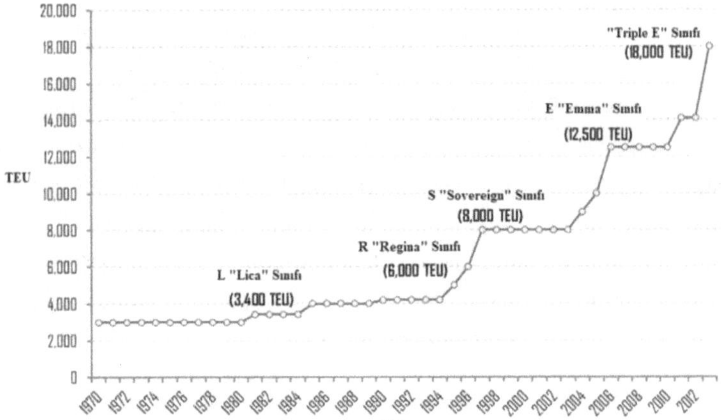

---

[47] The Geography Of Transport Systems, The Largest Available Containership, 1970-2013 (in TEUs), (10.03.2013), http://people.hofstra.edu/geotrans/eng/ch3en/conc3en/largestcontainerships.html

1950'li yılların ortalarında başlayan konteynerizasyonun* (containerization) başından bu yana konteyner gemileri altı evrim sürecinden geçmişlerdir[48] (Şekil 21).

Şekil 21: Konteyner gemilerinin evrimi

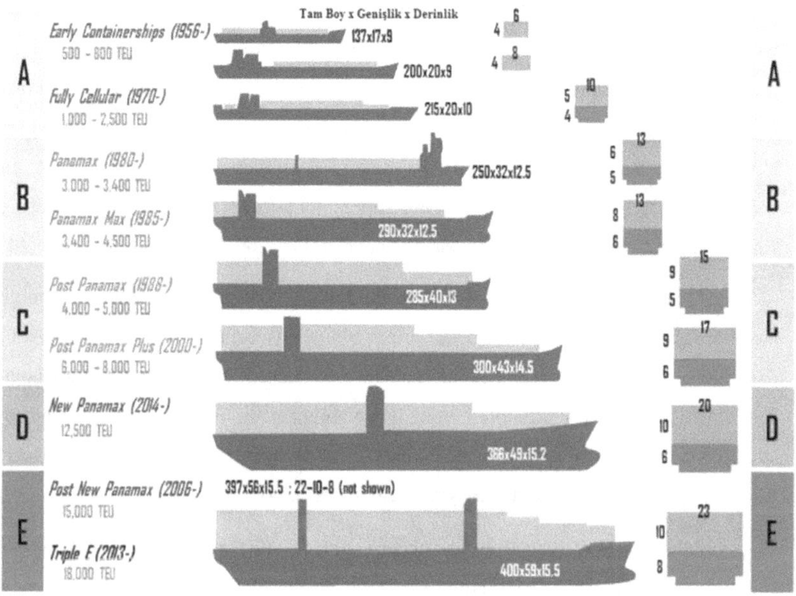

1.6.1. İlk Konteyner Gemileri

İlk konteyner gemileri (early containerships); ilk nesil konteyner gemileri olarak genellikle dökme yük gemileri ya da tankerlerden dönüştürülerek yapılmışlardır. Bunlardan ilki İdeal X isimli tankerden dönüştürülen konteyner gemisidir. İlk nesil gemiler en çok 1000 TEU taşıma kapasitesine sahip 18-20 knot* hız yapabilen gemilerdir. İkinci nesil konteyner gemileri; tamamen hücresel konteyner gemileri (fully cellular containerships) olarak 1970'li yıllarda konteyner taşıma amacıyla inşa edilmişlerdir. Hücresel konteyner gemileri ilk konteyner gemilerinden farklı olarak güvertenin altında

---

* Konteynerizasyon: Yüklerin standart kaplara konularak birimleştirilmesi, Konteynerleşme.

[48] The Geography Of Transport Systems, Evolution of Containerships, (10.03.2013), http://people.hofstra.edu/geotrans/eng/ch3en/conc3en/containerships.html

* Knot: saatte 1 deniz miline eşit hız birimi. 1 knot = 1 deniz mili /saat = 1,852 km /saat ≈ 1,151 mph.

ambar içinde bulunan hücrelere de konteyner yükü alabiliyorlardı ve 20-24 knot hıza çıkabiliyorlardı.

1.6.2. Panamax Konteyner Gemileri

1980 senesinde yapımı tamamlanan 4100 TEU'luk Neptune Garnet o zamanın en büyük konteyner gemisi unvanıyla suya indirilmiştir. Artık sevkiyatlar senede 60–70 gemi seviyesine ulaşmış ve bazı ufak iniş çıkışlar olmakla birlikte, 143 adet sevkiyat seviyesini gören 1994 yılına kadar aynı şekilde devam etmiştir. 1984 senesinde denize indirilen Amerikan New York gemisi ile konteyner gemilerinin boyutu 4600 TEU'yu geçmiştir ve takip eden 12 yıl boyunca maksimum konteyner gemisi kapasitesi (Panama kanalındaki genişlik ve boy sınırlaması yüzünden) 4500-5000 TEU olarak kalmıştır.

O güne dek okyanuslarda yüzen en büyük konteyner gemilerinin omurga boyutları, Panama Kanalı'nın havuz odalarının genişliği ve uzunluğuyla sınırlanmışlardı. Panamax-ebatlı olarak anılan bu gemilerin maksimum genişliği 32,3 m, maksimum boyu 294,1 m ve maksimum su kesimleri ise 12.0 m olabilmektedir. Panama Kanalı'nın havuz odaları 305 m boyunda ve 33,5 m genişliğinde olup kanalın en derin yeri 12,5-13,7 m'dir. Kanal 86 km uzunluğunda olup geçişi yaklaşık 8 saat sürmektedir.

Buna tekabül eden kargo kapasitesi ise o gün için, 4500 ve 5000 TEU arasındaydı. Bu maksimum ebatlar yolcu gemileri için de geçerliydi ancak diğer gemiler için maksimum uzunluk 289,6 m'ydi. Bununla beraber, şu da belirtilmelidir ki, örneğin kuru yük gemileri ve tankerler için Panamax-ebatlı kavramı 32,2/32,3m (106 ft) genişlik, 228,6m (750 ft) tüm uzunluk ve maksimum 12,0m (39,5 ft) su kesimi olarak tanımlanmaktadır.

1.6.3. Post Panamax Konteyner Gemileri

APL (American President Lines) konteyner hat operatörü, taşımacılık ağına Panama kanalının kullanmadığı bir rota ekledi. Bu rota sayesinde, deniz taşımacılığı literatürüne "Post-Panamax" (Panamax üstü) isimli terimi de girmiş oldu. 1996 yılında Regina Mærsk isimli gemi, 6400 TEU kapasitesiyle bu limiti aşan ilk gemi oldu ve böylelikle konteyner gemisi pazarında yeni bir çığır açıldı. 1996 yılından sonra, konteyner gemilerinin boyutları 1997 yılında 6600 TEU iken 1998 yılında 7200 TEU'ya ve 1999 yılında 8700 TEU'ya kadar çıkarak çok hızlı bir gelişim gösterdi. İnşası tamamlanmış ya da yapım halinde olan yaklaşık 9000 TEU kapasiteli gemiler ise

Panamax genişliğinin yaklaşık 10 m üzerine çıkmışlardır. Post-Panamax gemilerin sayısı göz ardı edilmeyecek şekilde artmıştır.

1.6.4. New Panamax Konteyner Gemileri

Genişletilmiş Panama Kanalı'nın 2014 yılında açılması beklenmektedir. Yeni açılacak olan kanal ile beraber kanaldan geçebilecek gemi büyüklüğü de artacaktır. Panama Kanalı'nda yapılan çalışma ile yeni kanal; 427 metre uzunlukta 55 metre genişlikte ve 18,3 metre derinlikte olacak. Kanaldan geçişine müsaade edilecek maksimum gemi boyutları ise 366 metre boy ve 49 metre genişlikte olabileceği ve maksimum draftın 15,2 metre (TFW=Tropical Fresh Water) tropikal tatlı su draftı olarak belirlenmiştir[49]. 12.500 TEU kapasiteli bu yeni konteyner gemisi sınıfına Yeni Panamax (New Panamax) konteyner gemileri olarak sınıflandırılacaktır.

1.6.5. Post New Panamax Konteyner Gemileri

2006 yılında Maersk konteyner kapasitesi 11.000 TEU -14.500 TEU arasında değişen yeni nesil gemisi Emma Maersk'i (E Class) tanıttı. Genişletilmiş Panama Kanalı standartlarından daha büyük olan bu sınıf gemiler Post New Panamax olarak adlandırıldı. Bu sınıfta 2013 yılında hizmete girmeye başlayacak olan 18.000 TEU kapasiteli Triple E sınıfı gemiler ile Asya-Avrupa, Amerika-Asya hatlarında daha ucuza konteyner taşımacılığı gerçekleştirilecektir.

---

[49] Deniz Haber İnternet Sitesi, http://www.denizhaber.com.tr/sektorden/17401/panamax-gemilerin-tonajlari-degisecek.html, (10.03.2013)

İKİNCİ BÖLÜM

2. KONTEYNER TERMİNALLERİ

Liman endüstrisi oldukça uzun bir tarihe sahiptir. 5000 yıldan uzun zaman önce, günümüzde halen denizcilikle uğraşan uluslara ev sahipliği yapmış olduğuna inanılan ve deniz taşımacılığının etkin olduğu Akdeniz'in hemen hemen tamamında limanların olduğu bilinmektedir. Bahsi geçen dönemlerde yapılmış olan limanların pek çoğu modern zamanlarda nadiren girişilen bir mimari ihtişamla birlikte sağlam bir şekilde inşa edilmiştir. Önceleri limanlar her türlü yükü elleçleyebilecek şekilde yapılırken artan ticaret ve gemilerdeki teknik gelişimlere bağlı olarak limanlarda gemilerde olduğu gibi uzmanlaşmıştır. Buna bağlı olarak günümüzde özellikli yüklere hitap eden sıvı yük terminali, genel kargo terminali, konteyner terminali gibi uzmanlaşmış terminaller oluşmuştur[50].

Konteyner terminalleri global ulaştırma ağında taşıma sistemlerinin bağlantı noktalarıdır. Bir konteyner terminali denizdeki gemiler ile karadaki taşıtları birleştiren, taşıma sistemlerinin buluştuğu bir noktadır. Bir konteyner terminali konteyner taşıyanlar için yükleme ve tahliye hizmetlerinin sağlanmasının ötesinde konteynerlerin iki yolculuk arası geçici depolama alanı olarak hizmet verir.

Konteyner terminali, konteynerlerin gemilerden alınarak kara taşıtlarına aktarıldığı yerdir. Bu yüzden, türler arası (intermodal) taşımacılık ağında başlıca düğümdür.

Genellikle terminal sözcüğü ulaştırma endüstrisinde taşınma sürecindeki malların başlangıç ya da bitiş noktası anlamına gelmektedir. Ancak türler arası taşımacılıkta transitteki malların bir taşıma sistemindeki bitiş noktası diğer bir taşıma sistemi için başlangıç noktası anlamına gelmektedir; bu yüzden de bir konteyner terminali başlangıç ya da bitiş noktası yerine bir bağlantı noktası olarak tanımlanmalıdır[51].

---

[50] A.Gökhan Esin, (2008, Genel Konteyner Liman Yönetimi, Murat Erdal (Editor), **Konteyner Deniz ve Liman İşletmeciliği,** İstanbul, Beta Basım A.Ş., s.20.

[51] Serap Yalçın, Konteyner Terminali Stok Sahası Optimizasyonu, İstanbul Üniversitesi Sosyal Bilimler Enstitüsü, (Yayımlanmamış Yüksek Lisans Tezi), İstanbul, 2005.

Konteyner terminalleri, konteynerlerin taşıma sistemlerinin değiştirildiği, ambalajlama hizmetlerinin sunulduğu, konteynerlerin elleçlendiği ve konteynerlerin gemiden demiryolu ve karayoluna akışının sağlandığı (tersi de olabilir) tesislerdir[52].

2.1.Konteyner Terminallerinin Temel Fonksiyonları

Konteyner terminalleri konteynerin taşıtandan taşıyana veya taşıyandan taşıtana teslim edildiği; konteynerin gemiye yüklendiği, gemiden tahliye edildiği ve konteynerin geçici olarak depolandığı sahalardır.

Konteyner terminalleri günümüzde temel lojistik fonksiyonların yerine getirildiği sahalardır. Tüm lojistik merkezlerde olduğu gibi konteyner limanlarında da temelde iki türlü akışın olması söz konusudur. Bunlar fiziksel akış ve bilgi akışıdır. Bilgi akışından kasıt gemi ve yükle ilgili tüm bürokratik bilgi akışının gerçekleştirilmesidir. Fiziksel akış ise yükün liman ve/veya terminal içinde elleçlenmesini içeren akışlardır. Bahsedilen bu iki temel akış, limanlarda üç farklı alt sistemle gerçekleşmektedir. Bunlar bilgi ve yükün gemiden karaya transferi, bilgi ve yükün karadan gemiye transferi, son olarak da bilgi ve yükün gemiden gemiye (transit) transferidir. Şekil 22'de bu alt sistemler gösterilmiştir.

Şekil 22: Liman lojistik sisteminin alt sistemleri

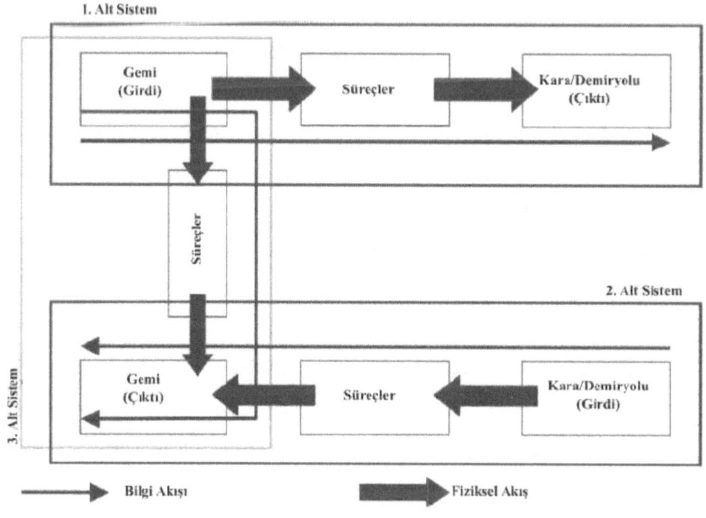

[52] Soner Esmer, **Konteyner Terminallerinde Lojistik Süreçlerin Optimizasyonu Ve Bir Simülasyon Modeli**, Dokuz Eylül Yayınları, İzmir, Şubat 2010.

Konteyner terminallerinde temelde 3 lojistik fonksiyon vardır, bunlar konteynerin taşınması, depolanması ve konteyner içindeki yükle birlikte konteynerin elleçlenmesidir. Bahsedilen temel lojistik fonksiyonlar aşağıda sunulmuştur:

- **Ulaştırma Fonksiyonu:** Konteynerlerin terminal sahasına geliş/gidişleri deniz, demir ve karayolu olmak üzere 3 tip taşıma türüyle gerçekleştirilmektedir. Denizyolundan gelen/giden yük ana ve besleyici hatlarla transfer edilmektedir. Genel olarak denizyolu servisleri periyodik olarak gerçekleştirilmekte ve taşıdıkları yük hacmi diğer türlere göre çok daha fazla olmaktadır. Bu yüzden denizyolu taşımalarının planlanması bir zorunluluktur. Aynı şekilde demiryolu taşımacılığı denizyoluna göre daha az ama karayoluna göre daha fazla bir kapasiteye sahiptir. Yine periyodik olarak gerçekleştirilen demiryolu taşımacılığının da planlanması gerekmektedir. Karayolu taşımacılığı ise bireysel yüke hizmet eden tasıma türüdür. Karayolu taşımacılığı düzensiz bir hizmet yapısına sahiptir ve yükleme/boşaltma saatlerinde ayrıca bir planlamaya ihtiyaç duyulmamaktadır. Özellikle denizyolu ve demiryolu taşımalarının belli bir zaman diliminde yapılma zorunluluğu vardır ve bu zaman dilimi mümkün olduğu kadar kısa olmak zorundadır. Tüm bunlara ek olarak yükün liman sahası içinde taşınması ihtiyacı doğrultusunda liman içinde ulaştırma faaliyeti bulunmaktadır.

- **Depolama Fonksiyonu:** Konteyner terminallerinde kullanılan taşıma sistemlerindeki zaman sınırları ve düzensizlikler, konteyner terminallerinde yükün depolanması zorunluluğunu ortaya çıkarmıştır. Bu durum lojistik anlamda stok yönetimi ile örtüşmektedir. Konteynerin doğrudan liman sahasına girerek gemiye yüklenmesi ya da gemiden tahliye edilen konteynerin doğrudan çıkış kapısına yönlendirilmesi uygulamada çok az rastlanan bir durumdur. Tüm taşıma sistemlerinin birbiriyle uyumunun sağlanması ve konteynerin olabilecek en kısa sürede terminal sahasından ayrılması her konteyner terminal işletmecisinin temel amacıdır. Ancak yeterli geri sahanın bulunmaması durumunda limanda kalan yük, limana ardiye geliri olarak yansımaktadır. Diğer yandan limanın lojistik hizmet vermesi durumunda yükün liman sahasında daha uzun sürelerle kalması gerekir. Ancak genel olarak, teknik bir terimle konteynerin sahadaki işgaliye oranının (dwell time) olabilecek en düşük seviyede seyretmesi gereklidir. Terminal sahaları konteynerin özelliğine göre ihraç/ithal/boş/transit yük ayrımı gözetilerek sahaya istiflenmektedir. Limanın daha çok ithal/ihraç ya da transit yüke hizmet etmesi terminal tasarımını doğrudan etkilemektedir.

- **Yük Elleçleme Fonksiyonu:** Temel olarak limanlarda verilen elleçleme hizmeti yükün gemiden limana, limandan gemiye, limandan kara vasıtasına ya da kara vasıtasından limana aktarılmasını içerir. Bundan başka konteyner içindeki yükün elleçlenmesi terminal sahasında bulunan "konteyner yük istasyonlarında (CFS=Container Freight Station) gerçekleştirilen bir hizmettir. Buna göre yükler CFS sahasında konteyner içine forkliftler yardımıyla istiflenmekte ya da tahliye edilen konteynerlerin içindeki yükler yine CFS'de boşaltılmaktadır. CFS hizmeti günümüzde özellikle önemli oranda yüke hizmet eden terminallerde terk edilmeye başlamıştır. Terminaller sınırlı olan sahalarını geliri nispeten az olan CFS operasyonlarına ayırmak istememektedirler. Özellikle Hamburg, Rotterdam gibi dünyanın önde gelen konteyner limanlarında CFS fonksiyonu, liman sahasının dışında lojistik merkezlerde yerine getirilmektedir. Bundan başka yükün gemi yüklemesi/tahliyesi ve depolama sahasında stoklanmasında yük elleçleme fonksiyonu aktif rol oynar.

Bu temel fonksiyonlara ek olarak konteyner terminallerinde konteyner/ekipman bakım onarım istasyonları, gümrük istasyonları ve karantina gibi fonksiyonlar da bulunmaktadır[53].

2.2.Konteyner Terminalleri Tasarımı

Operasyonun şeklinin belirlenmesinde büyük bir etmen olan liman tasarımı yapılırken dikkat edilmesi gereken birçok unsur bulunmaktadır. Bu unsurların çokluğu nedeniyle her liman tek başına incelenmeli ve değerlendirilmelidir. Benzer liman standartları bulunsa da tüm limanlar birbirinden farklıdır. Liman tasarımında göz önünde bulundurulması gereken başlıca konular aşağıdaki gibidir.

---

[53] Soner Esmer, **Konteyner Terminallerinde Lojistik Süreçlerin Optimizasyonu Ve Bir Simülasyon Modeli**, Dokuz Eylül Yayınları, İzmir, Şubat 2010, s,30-32

2.2.1. Tasarım Kriterleri Ve Hedefleri

Konteyner terminali tasarımında, planlamasında ve elleçleme sisteminin seçiminde dikkat edilmesi gereken ana kriterler; güvenlik, sadelik, esneklik ve maliyet verimliliği olarak sıralanabilir.

- **Güvenlik;** En önemli kıstastır. Terminal içindeki trafik hatlarının olabildiğince tek yönlü olarak planlanması, yolların mümkün olduğu kadar az kesişmesi, yükün ve terminal çalışanlarının güvenliğinin sağlanması gerekmektedir.
- **Sadelik;** Konteynerlerin elleçlendiği düğüm noktaları olabildiğince az tutulmalıdır, fazladan taşıyıcı değişikliğine meydan veren tasarımlardan kaçınılmalıdır. Kara sahası içindeki konteyner trafiği ve döngüsü olabildiğince basit olmalıdır. Dokümantasyonun ve is akışlarının olabilecek en basit seviyede olması gerekmektedir. Günümüzde milyonlarca konteynerin elleçlendigi terminallerde bu bir zorunluluk haline gelmiş olup, bu sayede hata oranları düşürülebilmektedir.
- **Esneklik:** Çalısma programlarındaki beklenmeyen değişiklilere olabildiğince çabuk uyum sağlayabilecek bir düzen kurulması gereklidir. Özellikle insan hataları ve ekipman arızalarından doğabilecek acil durumlar için acil durum planları yapılmalıdır.
- **Maliyet Verimliliği:** Konteyner elleçleme ekipmanları ve terminal çalışanları uygun bir plan dâhilinde görevlendirilmelidir. Ekipmanın ve çalışanların olabilecek en yüksek seviyede verimli çalışmaları planlama gerektirmektedir.

Birincil derecedeki önem her zaman diğerlerinden bağımsız ve mutlak ihtiyaç olan güvenlik kriterine verilmelidir. Trafik hatlarının genişliği, yaya yürüme boşlukları, vinçler arası mesafe, aydınlatma direklerinin ve yangın musluklarının yerleşimi vb. tasarım ayrıntıları bu başlık altında önem taşımaktadır. Sonuç olarak elleçleme masraflarında bir artışa sebep olsa dahi, güvenlik maliyet açısından verimliliğin üzerinde durmalıdır. Diğer taraftan, sadelik, maliyet açısından verimlilik ve esneklik birbiriyle yakından ilişkide olan kriterlerdir. Fakat buna rağmen bazen, esneklik kriteri, basitlik ve mali verimlilik kriterleriyle ters düşebilmektedir.

Bu dört kriter, konteyner terminali planlaması ve operasyonunda büyük önem taşımaktadır. Fakat bu dördü karşısında, tasarımın performansının değerlendirmesini yapmak bir hayli zordur. Çoğu tasarım ve planlama probleminde olduğu gibi, terminal planlamasında da birden fazla alternatifi değerlendirip optimum çözümü seçmek yapılabileceklerin en doğrusudur. Bu kriterler temel alındığında terminal operasyon sistemi, konteynerlerin taşınması ve istiflenmesi işlevlerinin optimize edilmesi yönünde kurulmalıdır. Bu durumda amaç, verimli bir elleçleme, istiflenmiş konteynerlere kolay ulaşım, sahanın ve ekipmanların faydalı kullanımını geliştirmek olmalıdır. Belirlenen bu hedefler aşağıdaki gibi açıklanabilir;

- **Konteyner Elleçleme Verimliliğini Geliştirmek:** Bu amaca ulaşmak için rıhtım vinçleri, sahada kullanılan ekipmanlar ve terminal çalışanlarının (saha/deniz/kapı) azami verimlilikte çalışması gerekmektedir. Bu gelişim doğrudan terminalin transfer fonksiyonuyla bağlantılıdır.
- **Depolanan Konteynere Ulaşımı Geliştirmek:** Sahada depolanan konteynerin istif yüksekliği limandaki yük hacmi ve yük trafiği ile ilgilidir. Ancak sınırlı depolama alanı var ise yüksek istif zorunlu hale gelir. Fakat yüksek sıralı istiflemeler operasyon verimliliğini azaltmaktadır. Yoğun istiflemeler sadelik ve esneklik kriterleriyle de çelişmektedir. Bu nedenle depolanan konteynere olan ulaşılabilirliğin geliştirilmesi probleminin, konteyner elleçleme verimliliğinin arttırılması ve sahanın azami faydada kullanımı hedefleri göz önüne alınarak çözülmesi gerekir.
- **Sahanın ve Ekipmanın Faydalı Kullanım Oranını Geliştirmek:** Sahanın faydalı kullanımı terminal elleçleme sistemleriyle doğrudan bağlantılıdır. Her bir elleçleme sisteminin kullanımı terminal sahasının ve elleçleme ekipmanlarının verimliliği üzerinde farklı etkilere sahiptir.

Yukarıda belirtilen hedefler arasından saha elverişliliği ve istiflenmiş konteynerlere erişim oranı, genellikle terminalin yerleşim planıyla ve konteyner elleçleme sistemiyle sınırlıdır, operasyon verimindeki artıştan olumlu yönde etkilenmeleri gözle görünür değildir. Diğer taraftan, terminalin konteyner elleçleme verimi, başlangıç planlamasından ziyade konteyner elleçleme ekipmanlarının boyutları ve verimlilikleri, konteyner elleçleme prosedürünün iyi planlanmış olması gibi pratik hususlardan etkilenmektedir. Saha kullanımı ve konteynerlere erişim ise büyük ölçüde başlangıç planlamasına bağlıyken, konteyner elleçlemesinin verimi dinamik bir aktivite olup operasyona bağlıdır. Konteyner terminallerinin hedefleri ve temel elemanlarının birbirine bağımlılığı kaçınılmazdır ve bu bağımlılık bazen birbirine faydalı bazen ise birbirine zarar veren etkiler göstermektedir (Tablo 15).

Tablo 15: Konteyner terminalleri hedefleri ve tasarım kriterleri arasındaki ilişki

		Güvenlik	**Sadelik**	**Esneklik**	**Maliyet verimliliği**
Konteyner terminalleri tasarımı ana kriterleri	Güvenlik	-	▲	►	►
	Sadelik	▲	-	►	▲
	Esneklik	►	►	-	►
	Maliyet verimliliği	▼	▲	►	-
Konteyner terminalleri hedefleri	Elleçleme verimliliğini	►	▲	►	▲
	Depolanan konteynere ulaşım	▲	▲	▲	►
	Sahanın ve ekipmanın kullanımı	▼	►	▼	▲

▲Birbirine genellikle olumlu etkisi olan
►Birbirine genellikle olumsuz etkisi olan
▼Birbirine nadiren olumsuz etkisi olan

Daha önce de belirtildiği gibi güvenlik her zaman birincil derecede öncelikli olmakla birlikte düşük saha kullanımına sebep olur ve bazen elleçleme verimiyle çelişir. Örneğin, kara sahası iç trafiği ile dışarıdan gelen kamyon trafiğini birbirinden ayırmak için tahsis edilen fazladan yollar konteyner istif alanında bir azalmaya sebep olur. Sadelik, genellikle diğer elemanlar ve hedeflerle olumlu etkileşim içindedir fakat bazı durumlarda saha kullanımına ters etki yapabilmektedir. Örneğin, saha içi trafik döngüsünü basitleştirmek için ekstradan bir yol düzenlenmesi konteyner istif alanından kayba yol açar. Esneklik, konteyner terminal operasyonlarında büyük önem arz eden bir eleman olsa da diğer kriterlerle ve elleçleme verimi ve saha kullanımıyla ters düşmeye müsait bir kriterdir. Planlama aşamasında veya operasyonel halde olsun, konteyner terminallerinde esneklik konusunda aşırıya kaçmamak gerekmektedir. Maliyet verimliliği, konteyner elleçleme verimini ve saha kullanımını iyileştirilerek elde edilebilecek bir kıstas olmakla birlikte, maliyet verimliliğinde aşırıya kaçmak güvenlik ve esneklikten feragat etme yoluna doğru gidecek bir karar olacaktır. Aynı zamanda istifteki konteynerlere erişimde zayıflamaya sebep olacağı için konteyner elleçleme veriminde de düşüşe sebep olacaktır[54].

[54] A.Avni Büyüközer, Konteyner Terminali Planlaması ve Kapasite Analizi, İstanbul Teknik Üniversitesi Fen Bilimleri Enstitüsü, (Yayımlanmamış Yüksek Lisans Tezi), İstanbul, Haziran 2006.

2.2.2. Coğrafi Konum

Limanların konumu doğrudan hat ve konteyner pazarlaması ile ilgili olduğu için tüm operasyonun diğer bileşenlerinin belirlenmesinde en önemli etmendir. Uluslararası deniz taşımacılığı yollarının üzerinde olması, yurt içi üretim ve tüketim bölgelerine yakınlığı, bunlarla olan karayolu ve tren yolu bağlantıları, bulunduğu iklim özellikleri, liman kapasitesini ve dolayısıyla operasyon şeklini belirler.

2.2.3. Terminal Yüzölçümü Ve Şekli

Terminalin fiziki büyüklüğü ve şekli kullanılacak ekipmanların, bilgi teknolojileri sistemlerinin seçimini doğrudan etkiler.

Terminal sahasının büyük olması terminal kapasitesinin ve terminal performansının da artmasına neden olabilir. Küçük terminallerde istifleme kapasitesi fazla olan ekipmanların seçimi ile terminal kapasitesi arttırılabilir. Ancak doluluk oranı arttıkça operasyon planlaması hassasiyetini kaybeder, zorunlu olarak ilave saha içi konteyner aktarma sayısı ve sonucunda birim başına işletme maliyetleri artar.

Terminalin geometrik şekli ise liman içi trafik planını ve konteyner istif bloklarının uzunluğunu belirler. Asimetrik yapılar yitik alan yaratacağı için istifleme kapasitesini düşürür. Bu tip yerler veya köşeler araç park yeri, bakım atölyesi gibi operasyon ile ilgili ancak kapasite veya performans üzerinde doğrudan etkisi olmayan gereksinimler için kullanılabilir.

2.2.4. Uğrak Yapacak Gemi Sayısına Bağlı Olarak Rıhtım Uzunlukları

Aylık olarak uğrak yapacak ortalama gemi sayısı ve bu gemilerin aynı anda gelme sıklığı rıhtım uzunluğunun belirlenmesinde en önemli etmenlerdir. Limanın coğrafik yapısı uygun olduğu sürece optimum sayıda geminin yanaşacağı rıhtım uzunluğu gerekir. Rıhtım uzunluğunun yeterli olmadığı durumlarda gemilerin demirde bekleme süreleri artar.

Rıhtım uzunluğunun fazla olması yanaşan gemi sayısının, gemilerde kullanılacak ekipman sayısının, buna bağlı olarak liman içi aktarma araçlarının ve saha elleçleme ekipmanlarının sayısının da artmasına neden olur. Önemli olan, pazarlama çalışmalarının sonucunda oluşacak istatistiklere göre optimum sayıya karar vermektir.

2.2.5. Gelecek Gemi Büyüklüğüne Bağlı Olarak Rıhtım Şekilleri Ve Derinlikleri

Parmak iskeleler ve düz rıhtımlar gelecek gemi büyüklüğüne göre tasarlanmalıdır. Rıhtım derinlikleri gemilerin maksimum su çekimine (max. draught) göre taranmalı ve çevrenin akıntı yapısına göre dipte toprak birikimi oluyorsa düzenli olarak derinlik (batimetrik) ölçümler yapılmalı ve gerekli durumlarda dip tarama işlemleri ile istenen derinliğe ulaşılmalıdır. Derinliğin azalması gelecek gemilerin büyüklüğünde negatif etki yapar.

Parmak iskeleler uzunlukları ve genişlikleri itibari ile genellikle küçük ve orta büyüklükte ki gemilere hizmet vermek için uygundur. İskele boyu uzadıkça derinlik artacağı için yapım maliyetleri de artabilir. Genişliğe bağlı olarak her iki tarafına gemi yanaştırılıp aynı anda elleçlenebilir.

Düz rıhtımlar birbirinden farklı çalışmaları ve/veya kombinasyonları mümkün kılar üzerinde kullanılacak ekipmanlar alternatifli olarak seçilebilir. Uzunluğa bağlı olarak çok sayıda ve farklı büyüklükte ki gemileri aynı anda yanaştırma imkanı sağlar.

2.2.6. Performans Beklentisine Bağlı Olarak Kullanılacak Ekipman Kombinasyonları

Gemi ve sahada kullanılacak ekipmanların seçimi, terminalin kapasitesi ve performans talebi ile doğrudan bağlıdır. Ekipman hızları farklı olduğundan operasyon zincirini kırmamak için belli sayılarda ekipmanlar seçilmelidir.

Orta büyüklükteki (200.000-250.000 TEU/Yıl) bir konteyner terminalinde genelde hızları, dolayısıyla yatırım ve işletme maliyetleri daha düşük ekipmanları seçebilir. Mobil Liman Vinci (MHC=Mobile Harbour Crane)/Asansörlü Konteyner Elleçleyici (LCH=Loaded Container Handler)/Dolu Konteyner İstifleyici (CRS=Container Reach Stacker) / Boş Konteyner İstifleyici (ECS =Empty Container Stacker) kombinasyonu buna bir örnektir. Terminalin performansı gemilerde kullanılacak MHC adedine ve operasyon hızına bağlı kalır.

Terminal kapasitesi arttıkça gelecek gemi adedi ve büyüklüğü de artmaktadır. Buna bağlı olarak gemi tarafında yüksek yatırım maliyetli, ancak düşük işletme maliyetli ve hızlı Köprülü Rıhtım Vinci (SSG=Ship To Shore) ekipmanları tercih edilir. SSG hızını karşılayabilmek için saha tarafında yüksek istifleme kapasitelerine sahip Lastik

Tekerlekli Köprülü Saha Vinci (RTG=Rubber Tired Gantry Crane) / Sabit Demiryolu Üzerinde Hareket Eden Köprülü Saha Vinci (RMG=Rail Mounted Gantry Crane) tercih nedenidir. Buna ilaveten uygun büyüklükte bir sahaya sahip konteyner terminalleri gemi operasyonunda Uzun Ayrık Bacaklı Konteyner Elleçleme ve Taşıma Makinaları (SC=Straddle Carriers) kullanarak performansı daha da arttırabilir.

Performans artış beklentisi terminalin yatırım ve işletme maliyetlerini de arttıracağı için iyi dengelenmeli ve optimum hedefler yakalandıktan sonra daha az ekipman kullanarak aynı performansı yakalamanın yolları aranmalıdır.

2.2.7. Gelecek Olan Konteynerin Dolu / Boş Oranı

Konteynerin dolu ve boş oranı doğrudan kullanılacak ekipmanları ve dolayısıyla istif sahalarının büyüklüğünü etkilemektedir. Elleçlenen boş konteyner adedinin artması, boş konteynerlerin istifleme avantajlarından dolayı liman kapasitesinin artmasında pozitif etki yapar.

2.2.8. Gelecek Olan Konteynerlerin Rejimleri (İthalat/İhracat/Transit) Ve Bunların Birbirine Oranları

Dolu konteynerler rejimlerine bağlı olarak farklı şekillerde istiflenmelidir. Her birinin istif parametreleri farklıdır ve farklı şekilde planlama yapılmalıdır. Bu çeşitlilik ise kullanılan saha ekipmanına da bağlı olarak istifleme alanını boş konteynerlere oranda daha geniş tutmamıza neden olur.

İhracat ve transit rejimlerinde konteynerler için uygulanan planlama parametreleri ithalata oranda daha fazladır. Dolayısıyla ihracat ve transit ağırlıklı bir liman daha detaylı planlama, daha hızlı saha ekipmanı ve daha hızlı operasyon gerektirir. Saha büyüklüğünün de buna göre tasarlanması gereklidir. İthalat oranının artması daha küçük sahalarda daha düşük performanslı, ancak büyük kapasiteli istifleme ekipmanları gerektirir.

2.2.9. Konteynerlerin Limanda Ortalama Kalış Süreleri

Konteynerlerin limanda kalış süreleri yıllık kapasiteyi etkileyen en önemli faktörlerden biridir. Kategori bazında ithalat, ihracat, transit ve boş konteynerlerin ortalama kalış sürelerinin bulunması ve kapasitenin buna göre hesaplanması zorunludur. Sürenin yapmış olduğu etkilere göre ihracat ve transit sürelerinin kısaltılması için alternatif çalışmalar yapılabilir. İthalat konteynerlerin kalış süreleri ise doğrudan müşteri profiline ve gümrük uygulamalarına bağlıdır.

Konteynerlerin kalış süreleri uzadıkça limanın yıllık konteyner elleçleme kapasitesi düşer. Aynı zamanda günlük maksimum kapasite üzerinde de olumsuz operasyonel etkileri vardır. Fazla sayıda konteyner nedeniyle saha yoğunluğu artacağı için operasyonel işletme maliyetleri de buna bağlı olarak artar.

Kısa süreli kalışlarda aynı alan üzerinde daha fazla konteyner elleçleme imkanı doğar, bu da terminalin yıllık kapasitesini arttırır. Terminal yoğunluğunun düşük olduğu zamanlar işletme maliyetleri de buna bağlı olarak düşer ve terminal performansı artar.

2.2.10. Terminalde Verilecek Hizmetler

Terminalde verilen hizmetlerin artması buna bağlı olarak operasyonun çeşitlenmesine, fazla personel ve ekipman gereksinimine neden olur. Boş konteynerlerin liman içinden ihracatçı müşteriye teslim edilmesi, konteyner yük istasyonu (CFS=Container Freight Station) operasyonunun neredeyse tamamı, konteyner yıkama, tamir etme, ihracat konteynerlere mühür takma, tehlikeli yük taşıyan konteynerlere etiket takılması, soğutmalı konteyner izlenmesi (monitoring), konteyner kondisyon tespiti gibi konteynere bağlı pek çok hizmet normal liman operasyonunun yanı sıra işletme tarafından müşterilere sağlanabilir. Her bir hizmet şekli için hizmete özel operasyon sahaları, bu hizmetleri sağlayabilecek terminal içi taşıma süreçleri, iş süreçleri, iletişim ve bilgi akışı için entegrasyon ve bunları yönetecek işgücü hesap edilmelidir.

2.2.11. Kapı Girişleri ve Terminal İçi Trafik Planı

İhracat konteyner getiren veya ithalat konteyner teslim almaya gelen terminal dışı araçların oluşturduğu kapı ve terminal içi trafik, terminalin saha ve gemi operasyon süreçlerini negatif etkiler. Bu etkileri azaltmak üzere dış araçların hareketlerine göre farklı kapı ve terminal içi trafik düzenleri geliştirilebilir.

Dış araçların konteyner istiflerine ulaşabileceği terminal tasarımlarında taşıma maliyetleri düşer. Ancak terminal içi yoğunluk sahada sıkışmalara, dolayısıyla gemi operasyonunun aksamasına neden olabilir. Terminal trafiğini ihlal eden sürücüler kaza ve/veya hasara neden olabilirler.

Bu nedenle konteynerlerin istif sahası dışında belirli alanlarda (buffer zone) müşteriden teslim alacak veya müşteriye teslim edecek farklı bir iş süreçleri tasarlanabilir. Bu işlem terminal içi yoğunluğu azaltacağı için gemi operasyon performansının artmasına neden olur, ancak müşteri konteynerlerini taşıma maliyetleri ve bu tip bir alan (zone) oluşturmanın neden olacağı yitik alan maliyeti diğer operasyonel maliyetlere ilave edilmelidir.

Her bir farklı karar operasyonun değişmesine ve kimi zaman daha maliyetli operasyon yapılmasına neden olabilir. Karar alınırken maliyet riskinin ne kadarının üstlenileceği önemli bir faktördür. Coğrafi büyüklüğü az olan terminaller de genelde dış araçlar kapı girişi yaptıktan sonra doğrudan konteynerin bulunduğu alana gider geniş alanda düşük kapasite ile çalışan terminallerde ise konteyneri müşteriden teslim alıp istife taşımak veya istifteki konteyneri alıp müşteriye belirli bir alanda teslim etmek tercih edilebilir.

2.2.12. Kara ve Demiryolu Bağlantısı

Lojistik zincirinin önemli halkalarından olan kara ve demiryolu taşımacılığı ile konteyner terminalleri bağlantılı olmalıdır. Terminallere gelen ithal yükün denize uzak bölgelere ulaştırılması veya oradaki ihracatçının yükünü terminallere getirip gemilere yüklenmesi için kara yolu taşımacılığının yanı sıra demiryollarını da yaygın olarak kullanılması gerekmektedir. Özellikle gelişmiş raylı sistemleri bulunan ülkelerde terminal raylı sistem bağlantısı vazgeçilmez bir yöntemdir.

Hem raylı sistem, hem de karayolu teslim imkanları olan terminallerin operasyonunu bu bağlamda planlaması gerekir. Demiryolu operasyonu terminal tarafından verilen bir hizmet olarak değerlendirilirse beraberinde uygun alanlar, ekipmanlar ve işgücü de gerektirir.

2.2.13. Bilgi Teknolojileri Yapısı

Her iş kolunda olduğu gibi teknolojik olarak desteklenen bir terminalde iş gücünde azalma, performansta artış, doğru ve hızlı planlama sayesinde deha düşük işletim maliyetleri oluşur. Kullanılacak olan teknolojiye bağlı olarak yatırım maliyetleri yüksektir, ancak performans artışı ve kalitesizlik maliyetlerinin azalması ile yatırımın geri dönüş oranı düşer.

Teknolojik yatırımlar maliyetine bakılmaksızın konteyner terminallerinde vazgeçilmez bir gereksinim olmuştur. Müşterilerle iletişim, gemi bilgilerinin ve elleçlenecek konteyner bilgilerinin transfer edilmesi, raporlanması, istatistiki bilgilerin elde edilmesi, analiz edilmesi ve yorumlanması için teknolojik gereçler sıklıkla kullanılmaktadır.

Teknolojide ulaşılabilen ve her seviyede yapılan operasyonun süreçleri tamamen değişebilir. Teknolojiden alınan destekle planlama ve diğer operasyonlar doğru, hızlı ve verimlie bir şekilde yönetilebilir.

2.2.14. Yasal Zorunluluklar

Terminalin bulunduğu ülkedeki ve o bölgedeki yerel kanuni zorunluluklar çerçevesinde terminalde verilecek hizmetler ve buna bağlı olarak operasyon süreçleri değişebilir.

Gümrük rejimine bağlı operasyon yapan terminallerde gümrük talebi ile, Türk Standartları Enstitüsü, Kimyahane, Zirai Donatım gibi devlet kuruluşlarından gelen talepler ile operasyonlarını düzenlemek zorundadır. Bu talepler doğrultusunda kullanılacak ekipmanlar, süreçler, maliyetler ve tarifeler değişebilir.

Bu tip taleplerin terminal tarafından karşılanması zorunludur.

Bu taleplerin yanı sıra İş Sağlığı ve Güvenliği ve Çevre ile ilgili yasal zorunluluklar operasyonun şekillenmesinde rol oynar[55].

2.3. Konteyner Terminallerinde Kullanılan Yük Elleçleme Ekipmanları

Konteynerlerin terminallerde gemilere yüklenmesinde, boşaltılmasında ve saha operasyonlarında bir çok elleçleme ekipmanı kullanılmaktadır. Başlangıçta konteynerler daha çok gemi vinçleri ile yüklenip boşaltılırken artan yük trafiği ile beraber yük çeşitlerine göre gemiler üretildikçe bu gemileri elleçleyebilecek daha farklı kapasite ve boyutlarda elleçleme araçları geliştirilmiştir. Böylece yüklerin daha hızlı ve ekonomik bir şekilde yüklenmesi, boşaltılması ve istiflenmesi sağlanmıştır. Günümüzde otomasyon sistemlerine sahip modern limanlarda konteynerlerin yüklenmesi, boşaltılması, taşınması ve istiflenmesinde bir çok gelişmiş ekipman kullanılmaktadır.

---

[55] Oğuz Tümiş, Konteyner Limanı Operasyon Yönetimi, Murat Erdal (Editor), Konteyner Deniz ve Liman İşletmeciliği, İstanbul, Beta Basım A.Ş., s.95-99

Limana gemilerle gelen veya gemilere yüklenecek olan konteynerlerin gemi ile rıhtım arasında yükleme-boşaltılması, rıhtım ile istif alanı arasında taşınması ve istif alanında istiflenmesi işlemleri için kullanılan farklı elleçleme sistemlerini belirtmeden önce, bu sistemlerde kullanılan farklı ekipmanları ve özelliklerini inceleyelim.

2.3.1. Gemi Operasyon Ekipmanları

2.3.1.1. *Hareketli Liman Vinci (MHC=Mobile Harbour Crane)*

MHC olarakta bilinen hareketli vinçler gemilerden tahliye edilecek veya yüklenecek konteynerleri elleçleyecek gemi veya sahil vinçleridir. Sahil vinci yatırımları maliyetli olduğu için genellikle konteyner yük trafiği belirli bir kapasitenin (TEU) altında olan limanlarda bulunmayabilir. Bu durumlarda konteyner elleçleyebilecek gemi vinçleri kullanılır. Gemi vinçlerinin hızı yavaş ve kullanımı zor olduğundan orta ve büyük kapasiteli limanlarda bunun için özel konteyner vinçleri kullanılır.

Güç kaynağı genellikle dizel yakıt yada elektriktir. 360 derece dönen bom sayesinde sağa sola hareket etmeden yan ambarlarda bulunan konteynerleri de elleçleyebilir. Farklı rıhtımlar arasında hareket edebilmesi özelliği nedeniyle tercih edilirler. Gemi ebatları büyüdükçe saat başına elleçlediği konteyner adedi buna bağlı olarak verimliliği düşer. İşletme maliyetleri köprülü rıhtım vinçlerine göre daha yüksektir.

Gemi büyüklüğüne, operasyon çeşidine (tahliye, yükleme, dolu-boş konteyner sayısına), yükleme planına ve operatör tecrübesine bağlı olarak mobil liman vinçlerinin hızı saatte ortalama 15-20 harekettir.

Şekil 23: Hareketli liman vinci[56]

[56] http://www.porttechnology.org/news/liebherr_announce_new_lhm_420_mobile_harbour_crane/, (03.04.2013)

2.3.1.2. *Köprülü Rıhtım Vinci (SSG=Ship To Shore Gantry Crane)*

SSG olarak da bilinen vinçler konteynerleri etkin bir biçimde gemiye yüklemek veya gemiden boşaltmak amacıyla modern limanlarda kullanılan vinçlerdir. Sabit bir ray üzerinde çalışan elektrikli rıhtım vinci hizmet verdikleri azami gemi boyutlarına göre Panamax, Post Panamax, Super Post Panamax olarak adlandırılmaktadır.

Köprülü rıhtım vincinden beklenen hareket saatte 20-25 iken günümüzde bu rakam bazı limanlarda 2 katına çıkmıştır. Köprülü rıhtım vincinin saatteki hareket sayısı limanlar için önemli bir verimlilik göstergesi olarak tüm dünyada kullanılmaktadır. Operatörün bulunduğu kabin konteynerle beraber hareket ettiğinden operatörün görüşünü engelleyen bir durum bulunmaz.

Şekil 24: Köprülü rıhtım vinci[57]

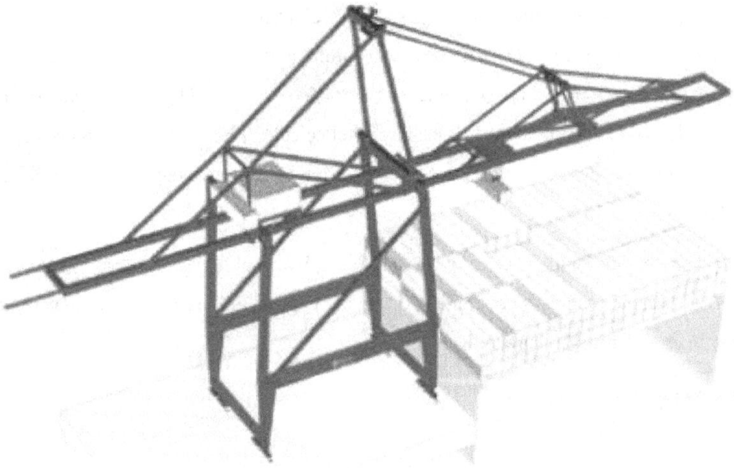

2.3.2. Saha Operasyon Ekipmanları

Gemiden veya kapıdan gelmiş olan konteynerleri konteyner istif sahasında elleçleyen ekipmanlardır. Saha tasarımına ve mevcut saha büyüklüğüne bağlı olarak farklı çalışma sistemlerine sahip ekipmanlar kullanılmaktadır.

---

[57] http://www.vesdra.com/Ship-to-shore%20krane_en.htm, (03.04.2013)

2.3.2.1. *Köprülü Saha Vinci*

Konteynerlerin sahada istiflenmesi amacıyla kullanılan ekipmandır. Blok halindeki istif sahası boyunca hareket ederler. Hareketli lastik tekerlekli (RTG) ve sabit raylar üzerinde (RMG) hareket ederek istif yapan tipleri bulunmaktadır. Bunların dışında insansız olarak istif yapabilen köprülü vinçlerde (ASC) terminallerde kullanılmaktadır.

2.3.2.1.1. Lastik Tekerlekli Köprülü Saha Vinci (RTG=Rubber Tyred Gantry Crane)

Lastik tekerlekli köprülü vinçler terminal sahalarında çekici ve vagonlara konteyner yükleme, boşaltma ve sahada konteynerlerin istiflenmesinde kullanılır. Lastik tekerlekli köprülü vinçler genellikle büyük veya çok büyük konteyner terminallerinde kullanılırlar. RTG'ler çok yüksek istifleme yeteneği ve blok halinde istifleme şekli nedeniyle oldukça büyük istifleme yoğunluğu sağlarlar. Lastik tekerlekli vinçler raylı sisteme göre daha esnek yapıdadır. 6+1 sıraya kadar konteyneri yan yana ve 4+1 sıraya kadar konteyneri üst üste istifleyebilmektedir. İşletme ve bakım-tutum masrafları düşüktür.

Şekil 25: Lastik tekerlekli köprülü saha vinci[58]

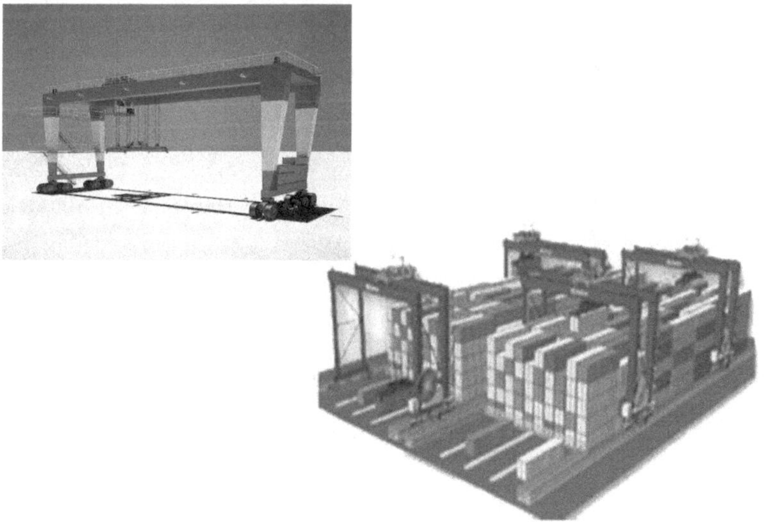

[58]http://3dgraphicsonline.tumblr.com/post/1086175668/rubber-tired-gantry-crane-3d-model-by-qlee, (05.04.2013)

2.3.2.1.2. Raylı Köprülü Saha Vinci (RMG=Rail Mounted Gantry Crane)

RTG çalışma mantığında tasarlanmış, lastik tekerlek yerine aynı SSG'lerde olduğu gibi sabit raylar üzerinde sağa sola hareket eden saha elleçleme ekipmanıdır. Sabit ray üzerinde hareket ettiği için her konteyner istif bloğu için belli sayıda raylı köprülü saha vinci (RMG) bulunmak zorundadır. Genelde demiryolu bağlantılı terminal operasyonlarında kullanılmaktadır. Konteynerlerin taşınması liman içi taşıma araçları ile yapılmaktadır.

Şekil 26: Raylı köprülü saha vinci[59]

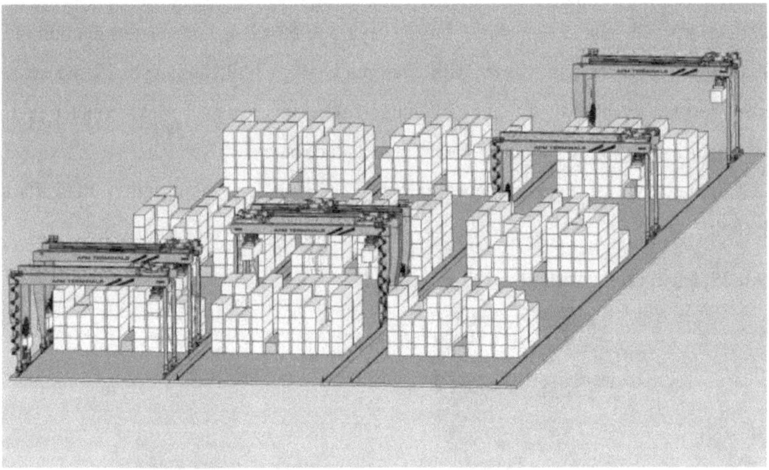

2.3.2.1.3. Otomatik İstifleme Vinci (ASC=Automatic Stacking Crane)

Elleçlemeyi insansız olarak yapan otomatik istifleme vinçleri büyük ve çok büyük ileri teknoloji limanlar için en uygun çözümdür. Otomatik istif vinçleri istifleme ve terminal içi istif amaçlı taşımalarda kullanılır. Uzaktan kontrol yöntemiyle çekicilere konteynerlerin yüklenmesi ve boşaltılması sağlanır. En az seviyede kullandığı işçi ile işletme ve bakım-tutum masrafları oldukça düşük düzeydedir.

59http://worldmaritimenews.com/archives/57337/the-netherlands-apm-terminals-orders-automated-cranes/, (08.04.2013)

Şekil 27: Otomatik istifleme vinci[60]

2.3.2.2. *Uzun Ayrık Bacaklı Konteyner Elleçleme ve Taşıma Ekipmanı (SC=Straddle Carriers)*

Konteynerin hem saha içerisinde taşınmasında hem de kontaynerin istiflenmesinde kullanılan esnek ve diğer ekipmanlara göre hızlı bir elleçleme ekipmanıdır. Uğrak yapan gemi sayısı fazla olan, büyük kapasiteli, geniş sahaya sahip olan, performans ağırlıklı ve detaylı planlama gerektiren limanlarda tercih edilmektedir. Geliştirilen yazılımlar sayesinde insansız olarak kullanılabilmektedir.

Şekil 28: Uzun ayrık bacaklı konteyner elleçleme ve taşıma ekipmanı[61]

60http://www.maritimejournal.com/news101/onboard-systems/deck-equipment-and-lifting-gear/automated_container_stacking_for_hamburg,(10.04.2013)

61 http://www.turbosquid.com/3d-models/3d-straddle-carrier-model/378456, (10.04.2013)

2.3.2.3. *Dolu Konteyner Elleçleme Ekipmanı (LCH=Loaded Container Handler)*

Konteynerin geniş yüzünden yanaşarak üstünden kilitleyip elleçleyen saha ekipmanlarıdır. Konteyner elleçleme sayısının az ve yavaş olduğu küçük terminallerde tercih edilmektedir. Saha kapasitesinin artışına bağlı olarak verimliliği azalır.

Şekil 29: Dolu konteyner elleçleme ekipmanı[62]

2.3.2.4. *Dolu Konteyner Elleçleme Makinası (CRS=Reach Stacker)*

Konteyner elleçleme makinaları; limanlarda konteynerlerin taşıma araçlarına yüklenmesi, boşaltılması, istif sahasında üst üste istiflenmesi ve terminal içinde kısa mesafeli taşımalarda kullanılan ekipmanlardır. CRS teleskobik bomu sayesinde 2, düşük tonajlı konteynerlerde 3 ileri sıradan konteyner alabilme özelliğine sahiptir. Genellikle 4-5 kat konteyner istifleme kapasitesine sahip olanlar limanlar tarafından tercih edilmektedir.

İstif aralarındaki çalışma mesafesi en az 15 m olması gerektiğinden liman kapasitesi arttıkça tercih edilmezler. Konteynerlerin taşınması liman içi aktarma araçları ile yapılabilir. Hasar verme riski diğer ekipmanlara göre yüksektir.

---

[62] http://www.lindemh.com.au/container-handlers/9-tonne-empty-container-handler/ (10.04.2013)

Şekil 30: Dolu Konteyner Elleçleme Makinası[63]

2.3.2.5. *Boş Konteyner Elleçleme Makinası (ECS=Empty Container Stacker)*

Boş konteynerlerin elleçlenmesi için kullanılan saha ekipmanlarıdır. Kaldırma kapasiteleri boş konteynerlere göre tasarlandığı için düşüktür, dolayısı ile işletme maliyetleri diğer saha ekipmanlarına göre daha düşüktür.

ECS'lerin çalışma mantıkları LHC ile aynıdır, ancak külütleme mekanizması konteynerin üstünden değil yanından tasarlanmıştır. Boş konteyner sayısına ve sahanın büyüklüğüne bağlı olarak 4-7 kat istifleme kapasitesinde olan ekipmanlar tercih edilmektedir.

Şekil 31: Boş Konteyner Elleçleme Makinası[64]

---

[63] http://sariel.pl/2012/04/reach-stacker/, (11.04.2013)

[64] http://www.truckcrane.com.cn/Reach_stackers/SDCY90K8.htm, (11.04.2013)

2.3.3. Konteyner Yük İstasyonu (CFS=Container Freight Station) Ekipmanları

Konteyner yük istasyonları, konteynerlerin içerisindeki yüklerin elleçlendiği sahalardır. CFS'de ithalat konteynerlerin içindeki yükün boşaltılarak alıcısına teslim edilir veya ihraç konteynerlerin içine yüklerin yüklenmesi gerçekleştirilir. İthal ve ihraç yüklerin çeşitliliğinin fazla olması nedeniyle her yük tipine uygulanacak yöntem ve kullanılacak ekipmanlar farklılık ve çeşitlilik göstermektedir.

Konteyner yük istasyonlarında konteyner iç dolum ve boşaltımı sırasında yoğun insan gücü yanında çatallı kaldıraçlar kullanılmaktadır.

2.3.3.1. *Çatallı Kaldıraç (FLT=Fork Lift Truck)*

Kaldırma kapasiteleri 3-9 ton arasında bulunan çatallı kaldıraçlar konteyner iç yükleme ve iç boşaltma operasyonları için en uygun ve en çok tercih edilen ekipmanlardır. Ön tarafında özel olarak hazırlanmış farklı ekipmanlar yardımıyla hemen hemen tüm yük çeşitleri elleçlenebilmektedir. Daha fazla ağırlık kaldırma kapasitesine sahip çatallı kaldıraçlar dizel yakıtlı olup konteynerlerde elleçlenebilmektedir.

Kaldırma kapasitesi daha az olan çatallı kaldıraçlar genellikle elektriklidir. Çevre ve gürültü kirliliği yaratmayan, çevreye duyarlı çatallı kaldıraçlar günümüzde daha çok tercih edilmekte ve kullanılmaktadır.

Şekil 32: Çatallı Kaldıraç[65]

[65] http://www.istockphoto.com/stock-illustration-170775-forklift-and-container.php, (11.04.2013)

2.3.4. Liman İçi Taşıma Araçları

Uzun ayrık bacaklı konteyner elleçleme ve taşıma ekipmanı (straddle carrier) kullanılmayan limanlarda gemiden tahliye edilen konteynerleri istif sahasına, istif sahasında bulunan konteynerleri gemi yüklemesine veya konteyner yük istasyonuna (container freight station) taşıyan veya konteynerlerin istifler arasında uzak bir mesafeye taşınması gerektiğinde kullanılan araçlardır.

2.3.4.1. *Terminal Traktörleri (YTT=Yard Towing Truck)*

Yüksek çekme kapasiteli çekici veya traktör denen bu araçlar, kamyon veya treyler kasası (dorse) üzerinde bulunan konteynerleri terminal sahası içinde rıhtım ile istif sahası arasında karşılıklı olarak taşırlar. Terminal traktörleri sadece konteyner terminallerinde kullanılmak üzere özel olarak yapılmışlardır. Rıhtımda MHC yada SSG'ler aracılığı ile gemiden alınan konteynerler terminal traktörün arkasında bağlı bulunan kasa (dorse) üzerine bırakılır, emniyete alınan konteyner terminal traktör ile istif sahasına taşınır ve istif sahasında bulunan çeşitli elleçleme araçları yardımıyla konteyner istif sahasında yerine istiflenir.

Şekil 33: Terminal traktör[66]

2.3.4.2. *Otomatik Yönlendirmeli Taşıyıcılar (AGV=Automated Guided Vehicle)*

Terminal giderlerinde işçilik ücretleri oldukça fazla yer tutmaktadır. Hem işçilik masraflarını azaltmak hem de verimi yükseltmek için gelişmiş otomasyon sistemleri

[66] http://websites.starkhost.net/cequip/web/v1/product_category_1-Terminal-Tractors.htm, (14.04.2013)

kullanılarak modern limanlarda otomatik yönlendirmeli taşıyıcılar kullanılmaktadır. Herhangi bir çekiciye ve sürücüye ihtiyaç duymadan sistemden aldığı talimatlarla hareket eden araçlar, yüksek teknolojik limanlarda kullanılmaktadır. Araçların başlangıç hareketleri, gidecekleri yer, kullanacakları güzergâhlar daha önceden sisteme tanımlanmıştır ve aracın her yeni pozisyonu takip edilmelidir. İşletim maliyetlerinin düşük olmasına karşın ileri teknoloji yatırımı gerektirdiği için dünya üzerinde sayılı limanlarda kullanılmaktadır.

Şekil 34: Otomatik yönlendirmeli taşıyıcılar[67]

2.3.5. Ekipmanların İstif Kapasitelerinin Karşılaştırması[68]

Konteyner istifleme operasyonlarını gerçekleştiren elleçleme ekipmanları arasında performanslarına göre bir karşılaştırma yapıldığında, birim depolama alanı içerisinde en fazla konteyner depolama kapasitesine sahip olan ekipman raylı köprülü vinç (RMG) olmaktadır. Sekil 35'de görüldüğü gibi bu sırayı lastik tekerlekli köprülü saha vinci (RTG) ve daha sonra uzun ayrık bacaklı elleçleme ve taşıma ekipmanı (SC) takip etmektedir.

---

[67]Otomatik Yönlendirmeli Taşıyıcılar, http://mescranes.com/images/mes_product/agv_a.jpg, (14.04.2013)

[68] Soner Esmer, **Konteyner Terminallerinde Lojistik Süreçlerin Optimizasyonu Ve Bir Simülasyon Modeli**, Dokuz Eylül Yayınları, İzmir, Şubat 2010, s.45.

Şekil 35: İstifleme ekipmanları kapasiteleri

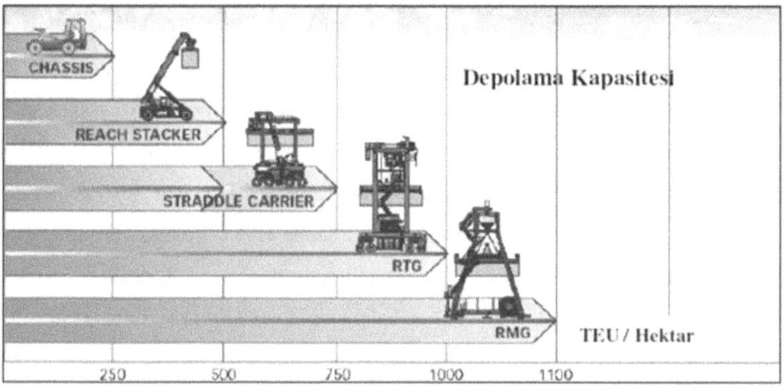

2.4. Konteyner Terminalleri Yük Elleçleme, Aktarma ve İstifleme Sistemleri

Yukarıda konteyner eleçlemede kullanılan farklı donanımları ve kullanılan alanları ayrıntılı olarak belirtmeye çalıştık. Çeşitli taşıma sistemleri (denizyolu, karayolu vb.) ile limana ulaşan konteynerlerin; gemiden rıhtıma indirilmesi, depolama alanına taşınması ve istiflenmesi farklı araçlar kullanılarak yapılmaktadır. Konteyner terminallerinin verimli çalışabilmesi limanın yük trafiğine uygun olarak kullanılan elleçleme, aktarma ve istifleme araçlarının birbirleri ile uyumlu çalışmasına bağlıdır. Bu nedenle konteyner terminallerinde elleçleme sistemlerini uygun bir şekilde düzenlemek gerekmektedir.

Terminaldeki konteyner trafiği, terminal içindeki aktarma mesafesi ve depolama alanı kapasitesine bağlı olarak terminallerde kullanılan sistemleri aşağıdaki gibi gruplandırabiliriz. Bu gruplandırma yapılırken sistemler içinde en yoğun kullanılan ekipmanlara göre sistemlere isimleri vermiştir.

- Şasi (Treyler) Sistemi
- Dolu Konteyner Elleçleme Ekipmanı (Reach Steacker/Loaded Container Handler) Sistemi
- Uzun Ayrık Bacaklı Elleçleme ve Taşıma Ekipmanı (Straddle Carrier) Sistemi
- Köprülü Vinç Sistemi
- Otomatik Sistemler (ASC)
- Karma Sistemler

2.4.1. Şasi (Treyler) Sistemi

Gemiden boşaltılan ithal konteynerler treylerlere yüklenerek depolama sahasına götürülür. Burada konteynerler traktörler tarafından alınacağı zamana kadar depolama sahasında treyler üzerinde bekletilirler. İhraç konteyneri taşıyan treylerler ise traktörlerle depolama sahasına istiflenirler. Gemiye yükleme zamanı geldiğinde bu treylerler traktörlerle rıhtım vincinin altına getirilir ve rıhtım vinçleriyle gemiye yüklenirler. Konteynerlerin tek sıra halinde treylerle istiflenmesi ve dolayısıyla üst üste konulamaması gibi sebeplerden dolayı bu sistemin çalışması için çok geniş operasyon sahalarına ihtiyaç vardır. Konteynerin her an hali hazırda yüklemeye ve liman dışarısına çıkarılmaya beklemesi bu sitemi çok etkin kılmıştır. Ancak bu sistemi için çok geniş liman sahalarına ve çok fazla treylere ihtiyaç vardır. Bu sistem günümüzde artık kullanılmamaktadır.

2.4.2. Dolu Konteyner Elleçleme Ekipmanı (RS / LCH) Sistemi

Bu sistemde gemi ile gelen konteyner rıhtım vinçleri ile terminal traktörlerine aktarılmakta, terminal traktörleri ise konteynerleri depolama sahalarına taşımaktadır.

Şekil 36: Reach Steacker / Loaded Container Handler Sistemi[69]

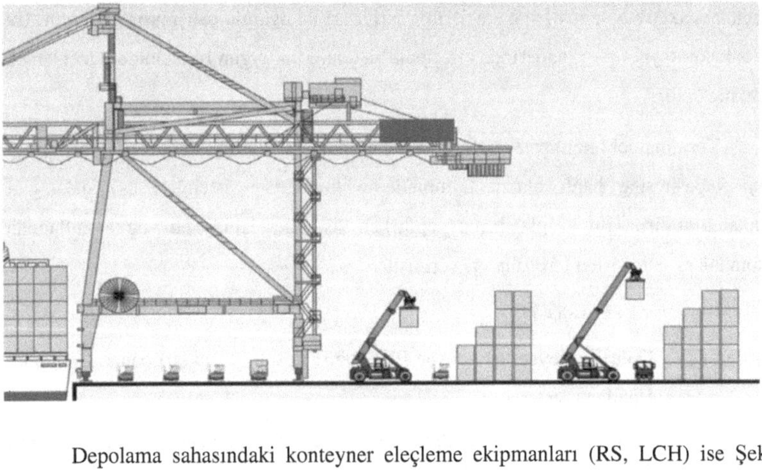

Depolama sahasındaki konteyner eleçleme ekipmanları (RS, LCH) ise Şekil 36'da görüldüğü gibi terminal traktörlerden aldıkları konteynerleri istiflemektedir. Her

[69] Soner Esmer, **Konteyner Terminallerinde Lojistik Süreçlerin Optimizasyonu Ve Bir Simülasyon Modeli**, Dokuz Eylül Yayınları, İzmir, Şubat 2010, s.47.

bir rıhtım vincine atanan traktör ve konteyner elleçleme ekipmanı (RS, LCH) sayısı operasyonlardan elde edilmek istenen verimliliğe ve terminal sahasının boyutlarına bağlı olarak 4-5 terminal traktörü ve 3-4 konteyner elleçleme ekipmanı olarak belirlenmektedir. Bu sistemle depolama kapasitesi her bir hektar için 4 kat istif yüksekliğiyle 500 TEU olmaktadır. Bu sistemde fazla işçi kullanılmasıyla beraber sistemin yatırım ve işletme maliyeti düşüktür. Bu sistem, alanı kısıtlı olmayan, küçük konteyner terminallerinde daha ekonomik olmaları nedeniyle tercih edilmektedirler.

RS / LCH sistemin üstünlükleri ve zayıf yanları aşağıdaki gibidir[70]:

Sistemin üstünlükleri;

- Bu ekipmanlar çatallı kaldıracın (forklift) bir türüdür ve kullanım ömürleri çok uzun olmakla birlikte arıza yapma oranları çok düşüktür.
- Diğer konteyner taşıma sistemlerine göre birim maliyeti düşüktür ve dolayısıyla ilk yatırım maliyetleri düşüktür.
- Konteynerden başka diğer ağır yüklerin taşınması uygun ataşman (spreader) ve tel sapanlar kullanılması durumunda mümkündür.
- Bu tip ekipmanlar çok güvenlidir, çünkü operasyon hızları çok yavaştır ve SC'lara göre kör noktaları çok daha azdır.
- Bu ekipmanda hareketli parçanın az olmasından dolayı bakım onarım masrafları azdır.
- Ağırlıkları SC'lerden yaklaşık % 15 daha fazladır. Ancak ekipmanın geniş bir alana yayılması, operasyon hızının yavaş olması ve tekerleklerinin kalın olması zemine verdiği zararı azaltmaktadır.

Sisteminin zayıf yanları aşağıdaki gibidir;

- Diğer ekipman tiplerine göre operasyon sahası daha geniştir.
- Bu ekipmanların ana fonksiyonları konteynerin terminal traktörlerine yüklenmesi, indirilmesi ve istiflenmesidir. Konteynerin saha içinde taşınması için çok uygun değildir.
- Operasyon sırasında sahada çok sık konteyner hareketi yapılmaktadır.
- Yüksek istiflerde ekipmanın gücü çok yetersiz kalabilmektedir.

---

[70] Soner Esmer, **Konteyner Terminallerinde Lojistik Süreçlerin Optimizasyonu Ve Bir Simülasyon Modeli**, Dokuz Eylül Yayınları, İzmir, Şubat 2010, s.47.

- Sahada çok fazla elleçleme hareketi olmasından dolayı gerçek zamanlı envanter tutumu zorlaşmaktadır.

2.4.3. Uzun Ayrık Bacaklı Konteyner Elleçleme Ve Taşıma (SC) Sistemi

Straddle taşıyıcı sistemi, konteynerin rıhtım vinciyle sahaya bırakılıp SC ile depolama sahasına taşınması ve yine bu ekipman ile istiflenmesi prensibiyle çalışır. Her bir rıhtım vincine atanan SC sayısı operasyonlardan elde edilmek istenen verimliliğe ve terminal sahasının boyutlarına bağlı olarak 4-5 adettir. 3 kat istifleme yapabilen straddle taşıyıcılar ile hektar basına 500 TEU, 4 kat istifleme yapabilenler ile hektar basına 750 TEU istifleme yapılabilmektedir. Sistemin en önemli özelliği bu ekipmanın hem taşıma hem de istifleme yapabilmesinden dolayı operasyonların hızlı olmasıdır. Bu sistemde işçi maliyetlerinin az olması yanında yüksek yatırım ve işletme maliyetleri bulunmaktadır.

Şekil 37: Uzun ayrık bacaklı konteyner elleçleme ve taşıma sistemi

SC sisteminin üstünlükleri ve zayıf yanları aşağıdaki gibidir[71]:

Sisteminin üstünlükleri aşağıdaki gibidir:

- SC konteyneri yüklemek, istiflemek ya da depolamak için başka bir ekipmanın yardımına ihtiyaç duymaz, bu özelliği operasyonların çok hızlı olmasını sağlar.

[71] Soner Esmer, **Konteyner Terminallerinde Lojistik Süreçlerin Optimizasyonu Ve Bir Simülasyon Modeli**, Dokuz Eylül Yayınları, İzmir, Şubat 2010, s.48.

- Köprü vinçlerinden farklı olarak SC'ler, belirli bir hatta bağlı olmamalarından dolayı konteynerleri terminal sahasının herhangi bir yerine istifleyebilir.
- Terminal operasyonları sadece SC'ler ile gerçekleştiği için yatırımın maliyetleri düşüktür.
- Depolanan konteyner sayısının az olmasından dolayı, konteynerin köprülü vinç sistemine göre envanteri kolaydır.
- Elleçlemedeki birim maliyeti köprü vinci sistemine göre % 30 daha ekonomiktir.
- Konteyner istifleri tek bir hat olduğundan ve bu hatlar blok olmadığından konteynerin depolama sahasındaki kontrolü kolaydır.

Sisteminin zayıf yanları aşağıdaki gibidir;

- SC'de diğer ekipmanlara göre hareketli parçaların fazla olması bu ekipmanın ömrünün kısa olmasına neden olmaktadır.
- Bu sistemde SC'ler terminal sahasının her noktasına ulaştığı için çok fazla terminal içi yola ihtiyaç vardır.
- Konteyner haricindeki diğer yükler, SC'nin tasıma kapasitesi ve tasarımından dolayı mümkün değildir.
- SC'de operatör ekipmanın çapraz kösesinde yer almaktadır. Bu yüzden operatörün görmediği kör noktalar çok fazladır ve bu durum sahadaki personel, yük ve diğer ekipmanlar için çok tehlikelidir.
- SC'de çok fazla hareketli parça olmasından dolayı bakım onarım masrafları çok yüksektir.
- Tek bir hat istifi yapmasından dolayı zor hava şartlarında konteyner hatlarının devrilme tehlikesi vardır. Bir konteynerin devrilmesi durumunda ise diğer tüm hatların domino tası gibi zincirleme yıkılması tehlikesi ortaya çıkabilmektedir.
- Belirli bir alanda istiflenen konteyner sayısı diğer sistemlere göre daha azdır.
- Operasyonların sistematikleşmesi güçtür.

2.4.4. Köprülü Vinç Sistemi

Sadece depolama amacıyla kullanılan köprülü vinçlerin lastik tekerlekli (RTG) ve raylı (RMG) olmak üzere iki tasarımı mevcuttur. Bu vinçlerin lastik tekerlekli olması, vince istif bloğunu değiştirebilme esnekliğini vermektedir. Raylı köprü vinçlerinde bu esneklik mümkün değildir. Köprülü vinç sitemi aslında doğrudan konteynerin sahada depolanmasıyla ilgili bir sistemdir. Rıhtım vincinden alınan konteyner terminal traktörleri ile depolama sahasında istifleme yapan köprü vinçlerine konteyneri taşımakta, köprü vinci ise traktör üzerinden aldığı konteyneri istiflemektedir. Köprü vinçleri terminal depolama sahasının verimli kullanılması açısından dünyada yaygın olarak tercih edilmektedir. Yaklaşık bir hektarlık alanda bu sistemle 4 kat yükseklik ve 6 sıra genişlik ile 1.000 TEU istiflenebilmektedir. Köprülü vinç sisteminin is gücü maliyetlerinin yüksek olmasına rağmen diğer sistemlerle karşılaştırıldığında ilk yatırım maliyetleri ve operasyon maliyetleri düşük kalmaktadır.

Bu sistem bahsedilen yüksek istifleme kapasitesinin yanında özellikle raylı tipleri otomasyona da elverişlidir. Köprülü vinç sistemi straddle taşıyıcı sistemine göre sabit bir hat üzerinde gidip geldiklerinden dolayı daha güvenlidirler. Ayrıca esnekliğinin az olması, bakım onarım masraflarının azlığı, ekipmanın çok az arıza yapması diğer üstünlüğüdür. Köprü vinçlerinin yaptıkları is hacmine göre çevreye verdikleri zarar da daha azdır.

Şekil 38: Köprülü vinç sistemi

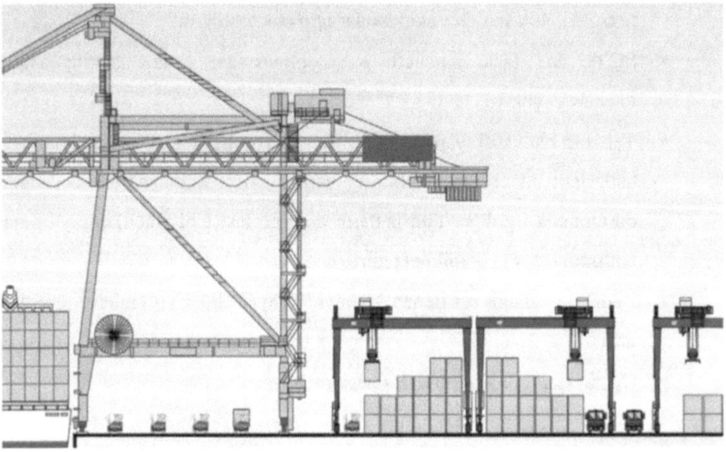

Köprülü vinç sisteminin üstünlükleri ve zayıf yanları aşağıdaki gibidir[72]:

Sisteminin üstünlükleri aşağıdaki gibidir;

- Bu sistem depolama sahasının büyüklüğüyle doğrudan bağlantılı olmasına rağmen belirli bir alanda en fazla depolama kapasitesine sahip sistemdir.
- Hareket yönünün sabit olmasından dolayı bu sisteme ayrılan yol azdır.
- Hareket sisteminin sabit olmasından dolayı diğer ekipmanların köprü vinci ile teması ve saha personelinin güvenliği açısından bir üstünlüktür.
- Bakım onarım masrafları straddle taşıyıcı sisteme göre çok üstündür, örneğin Japonya'da yapılan ölçümlere göre köprü vinci sisteminin bakım onarım masrafları, SC sisteminin bakım onarım masraflarının aynı zaman diliminde neredeyse yarısıdır.
- Makinelerinin doğrudan jeneratöre bağlı olmasından dolayı makineler sabit hızda çalışmakta bu da ekipmanını ömrünü ve ekonomikliğini arttırmaktadır.
- Ağır yüklerin metal sapanlarla elleçlenmesi olanağına da sahip bir ekipmandır.
- Terminallerde kullanılan otomasyonlara son derece uyumludur.
- Güvenli bir şekilde 6 sıra ve 4 kat istif yapabilmesi sayesinde konteyner istifleri ağır hava şartlarından etkilenmemektedir.

Sisteminin zayıf yanları aşağıdaki gibidir;

- Diğer konteyner elleçleme ekipmanlarıyla karşılaştırıldığında köprü vincinin boyutları çok büyüktür, bu da operasyon hızını yavaşlatmaktadır.
- Köprü vincinin temel fonksiyonu konteynerin traktörden alınıp istiflenmesi veya istiften alınıp traktöre yüklenmesidir. Dolayısıyla konteynerin saha içindeki hareketlerinde traktörlere ihtiyaç duyulması sistemin maliyetini arttırmaktadır.
- İstif yüksekliğinin fazla olması nedeniyle alt sıralardaki konteynere erişim sorunu sistemin gerçek zamanlı çalışmasını engellemektedir.

---

[72] Soner Esmer, **Konteyner Terminallerinde Lojistik Süreçlerin Optimizasyonu Ve Bir Simülasyon Modeli**, Dokuz Eylül Yayınları, İzmir, Şubat 2010, s.50.

2.4.5. Otomatik Sistemler (ASC / AGV)

Elleçlemeyi insansız yapan otomatik istifleme köprülü vinçlerinin ve AGV'lerin kullanıldığı sistemlerdir. Uzaktan kontrol sistemi ile kumanda edilen sistemde işçilik maliyetlerinden büyük tasarruf sağlanmaktadır. Gelişmiş bilgisayar yazılımları kullanılmakta olup yüksek yatırım maliyetleri gerektirmektedirler. AGV'ler rıhtım vincinin konteynerleri yüklemesi ile istif sahasına ulaşır ve burada ASC'ler ile konteynerler otomatik olarak istiflenir. Her bir rıhtım vinci için 4 ASC ve 2 AGV gerekmektedir. İstifleme kapasitesi hektar başına 1000-1200 TEU civarındadır. Büyük konteyner terminalleri için en uygun sistemdir.

2.4.6. Karma Sistemler

Bu sistemler belirli operasyonlar için en uygun ekipmanın kullanıldığı sistemlerdir. Bununla birlikte; böyle bir sistemin başarılı olması için, terminallerin geniş kapsamlı bir bilgi sistemi ve işletme politikalarıyla mükemmel bir idare tarafından yönetilmesi gereklidir. Örneğin; ithal konteynerlerin karayolu araçlarına teslim edilmesi için SC'lerin kullanılması yanında terminalde köprülü vinçlerin konteyner istif sahalarındaki ihraç konteynerleri terminal traktörlere yüklemesi gibi SC ve köprülü vinç sistemi karma olarak kullanılabilir.

2.5. Konteyner Terminalleri Yük Elleçleme, Aktarma ve İstifleme Sistemleri Karşılaştırması

Hangi sistemin seçilmesi gerektiği kararı unsurları sadece işletme ve diğer maliyetlerinin değil ekipmanların işletme ve bakım maliyetlerinin de çok önemli olduğu geniş bir dizi faktöre bağlı olan karmaşık bir karardır. Yatırım kararı verilmeden önce üst yönetimin alternatif sistemler ve bunların birleşenlerinin türleri hakkında tam ve ayrıntılı bir araştırma ve değerlendirme yapması gereklidir. Ekipman seçimi terminallerin ticaret ve trafik ihtiyaçlarına operasyon pratiğine ve işgücü ve bakım becerilerine en iyi uyacak şekilde olmalıdır. Bu terminal için önem taşıyan bir planlama aşamasıdır. Ekipman yatırım kararlarının değerlendirilmesinde ve terminal planlama sürecinde terminalin gelişme faktörleri, ekipman maliyetleri, ekipmanların bakım-onarım ihtiyaçları, işçilik ihtiyaçları ve ücretleri ve işletme maliyetleri ve unsurları dikkate alınarak ayrıntılı araştırmalar ve değerlendirmeler yapılmalıdır.

Her bir sistemin gerek kendi içinde gerekse diğer sisteler ile üstünlükleri ve zayıf yanları vardır. Terminalin en az maliyetle ve en verimli şekilde işletilebilmesi için hangi sistem gerekiyorsa bu sistemin kurulması gereklidir. Tablo 16'da kullanılan konteyner elleçleme, aktarma ve istifleme sistemlerinin hektar başına istif kapasiteleri verilmiştir.

Tablo 16: İstiflenen konteyner sayısına göre kullanılan elleçleme sistemleri

İsif Kapasitesi (TEU/ Hektar)	Konteyner Elleçleme Sistemi
250	Şasi Sistemi
500	RS Sistemi
500	SC Sistemi (3 sıra)
750	SC Sistemi (4 sıra)
1000	RTG Sistemi
1000	ASC Sistemi

2.6. Konteyner Terminallerinde Yük Akışı

Konteyner terminallerinde konteyner akışı, birbirini takip eden birçok aktiviteden oluşur.

Yun ve Choi'ye göre (1999) konteyner terminal sistemi kapı, konteyner depolama alanı ve rıhtım olmak üzere üç ana alt sistemden oluşmaktadır. Bahsedilen bu üç ana alt sistem içerisinde konteyner akısını sağlayan yükleme, boşaltma, teslim alma ve dağıtım operasyonlarını, konteyner terminallerinin ana operasyonlarıdır[73].

Ayrıca konteyner limanlarında elleçleme operasyonlarını deniz ve kara operasyonları olarak ikiye ayırmak mümkündür. Şekil 39'da konteyner terminallerinde gemi yükleme ve boşaltma süreçleri gösterilmektedir.

[73] Soner Esmer, **Konteyner Terminallerinde Lojistik Süreçlerin Optimizasyonu Ve Bir Simülasyon Modeli**, Dokuz Eylül Yayınları, İzmir, Şubat 2010, s.34.

Şekil 39: Konteyner Terminal Süreçleri[74]

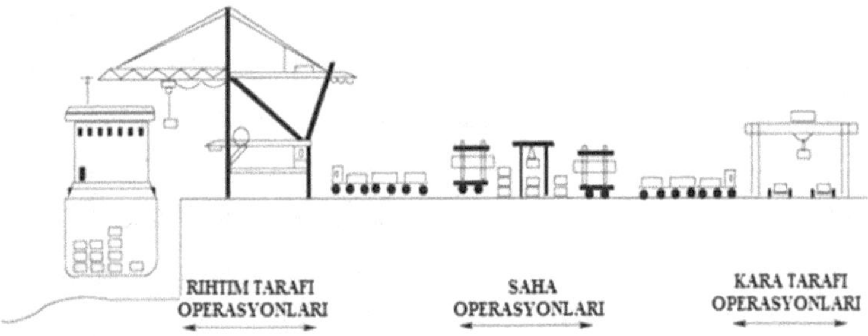

Konteyner terminallerinde is akışlarının ayrıntıları Şekil 40'da gösterilmiştir.

Şekil 40: Konteyner Terminallerinde İş Akışları[75]

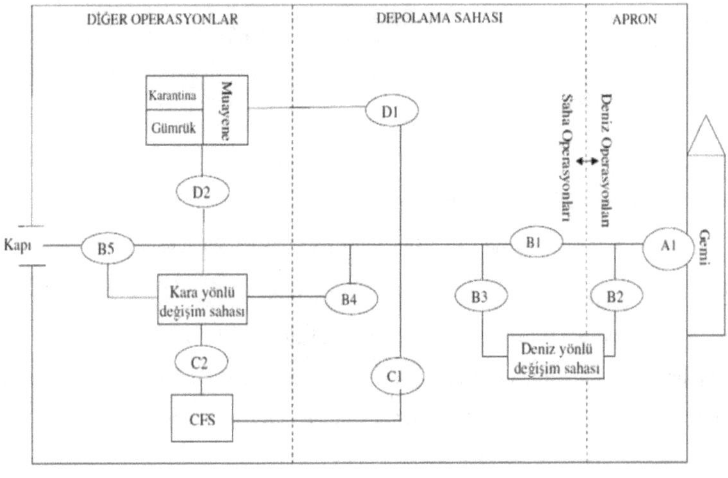

Şekil 40 üzerinde yapılan kodlamalar ve açıklamalar aşağıdaki gibidir;

---

[74] Qianwen Liu, **Efficiency Analysis Of Container Ports and Terminals,** Centre for Transport Studies Department of Civil, Environmental and Geomatic Engineering University College London,(Yayımlanmamış Doktora Tezi), Londra, 2010, s. 30

[75] Soner Esmer, **Konteyner Terminallerinde Lojistik Süreçlerin Optimizasyonu Ve Bir Simülasyon Modeli**, Dokuz Eylül Yayınları, İzmir, Şubat 2010, s.35.

(A) Deniz yönlü operasyonlar:

Rıhtımdaki gemi ile apron arasındaki konteyner elleçlemelerini kapsamaktadır. Ek olarak geminin ambar kapaklarının aprona indirilmesi ve hedefteki konteynere ulaşmak için yapılan elleçlemeler (shifting) deniz yönlü operasyonların dâhilindedir. Bu tür elleçlemelerde genellikle rıhtım vinci kullanılmaktadır ancak uygulamada özellikle küçük terminallerde geminin kendi vinçleri ve mobil vinçlerde rıhtım operasyonlarında kullanılabilmektedir.

(B) Kara yönlü operasyonlar:

Temel olarak deniz tarafı operasyonlarının devamı niteliğindedir. Bu operasyonlar konteynerin rıhtım ile depolama sahası arasında taşınması ve depolama faaliyetleri kapsamında elleçlenmesi operasyonlarını içermektedir. Bu operasyonlara konteynerin taşıyıcı tarafından alımı ya da yükün alıcısı tarafına teslimi de dâhildir.

• B1: Rıhtım ile depolama sahası arasında konteynerin ekipmanlar ile taşınması ve depolanması operasyonlarını içerir.

• B2 ve B3: B1 işlemi B2 ve B3 işlemleri olarak ikiye ayrılır. B-2 operasyonu sadece konteynerin taşınmasını içerirken B-3 operasyonu hem taşınma hem de elleçlemeyi içerir.

• B4: Depolanan konteynerin alıcıya teslimi için nakli ya da kara yönlü gelen ve teslim alınan konteynerin depolama sahasına nakli ve istifini içerir.

• B5: Depolanan konteynerin alıcıya kapıdan teslimi ya da kara yönlü gelen konteynerin kapıdan alımı operasyonlarını içerir.

• Uygulamada çok az rastlanmakla birlikte gemiden tahliye edilen konteynerin doğrudan kapıda alıcıya teslimi ya da gemiye yüklenmek için terminale gelen ve kapıdan teslim alınan konteynerin doğrudan rıhtıma nakli de mümkündür.

(C) Kara yönlü destekleyici operasyonlar:

Dolu konteynerin depolama sahası ve CFS arasındaki hareketleridir.

• C1: Konteynerin depolama sahasından CFS'ye taşınmasıdır.

• C2: CFS'de doldurulan konteynerin depolama sahasına naklidir.

(D) Diğer operasyonlar:

Bos konteynerin, bos konteyner sahasında depolanması ya da bos konteyner sahasından konteynerin alınması, zarar gören konteynerin bakım onarım sahasına nakli, gümrük ve karantina işlemleri için nakil ve teslim işlemlerini içermektedir.

- D1: Bahsedilen işlemler için konteynerin sahadan alınıp getirilmesidir.
- D2: Bahsedilen işlemler tamamlandıktan sonra konteynerin teslim işlemlerini içerir.

Yukarıda bahsedildiği gibi konteyner terminallerinde temel lojistik operasyonlar gemi operasyonları, terminal içi tasıma, CFS ve bos\dolu konteyner istiflemesinden oluşmaktadır. Bahsedilen lojistik operasyonlar, uygulamada birçok farklılıklar içerir. Bu farklılıklar kullanılan ekipmana, saha genişliğine, kullanılan teknolojinin düzeyine, yük yoğunluğuna ve bunun gibi sayılabilecek birçok nedenlere göre değişebilmektedir.

Konuyu biraz daha netleştirmek adına aşağıda konteyner terminali süreçleri sınıflandırılarak sadeleştirilmiştir. Sınıflandırmada ihraç konteyner içinin liman içinde doldurulması ve liman sahası dışında, örneğin fabrika, dağıtım merkezi, lojistik merkez, konteyner deposu gibi alanlarda doldurulması ise dış dolum olarak adlandırılmaktadır. Aynı şekilde ithal konteyner içinin limanda boşaltılması iç boşaltım, liman sahası dışında boşaltılması ise dış boşaltım olarak adlandırılabilir. Ayrıca liman sahasına başka bir gemiye yüklenmek üzere indirilen aktarma konteynerlere de değinilmiştir. Şekil 41, Şekil 42, Şekil 43, Şekil 44 ve Şekil 45'de bu süreçler gösterilmiştir [76].

Şekil 41: Yüklenen Konteyner Akısı (Dış Dolum)

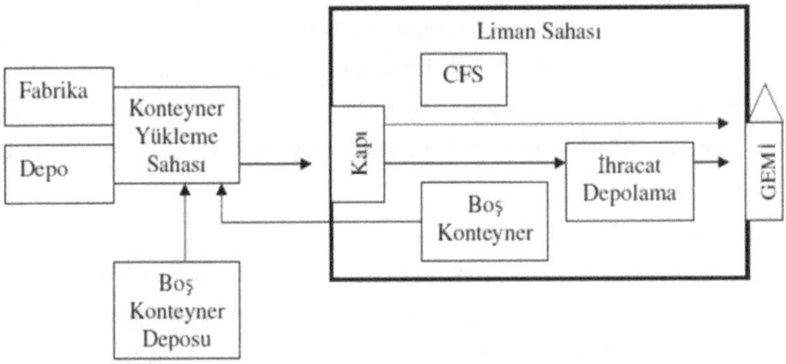

[76] Soner Esmer, **Konteyner Terminallerinde Lojistik Süreçlerin Optimizasyonu Ve Bir Simülasyon Modeli**, Dokuz Eylül Yayınları, İzmir, Şubat 2010, s.37-42..

Fabrika ya da depodaki ürün terminalden ya da konteyner deposundan gelen bos konteynere liman dışında (fabrika ya da depoda) dolum yapılmakta, terminal kapısında gerekli kayıtlar yapıldıktan sonra (konteyner numarası, gemi adı, tahliye limanı, ağırlık, gemi hattı, ticari bilgiler vb.) önce depolanmakta ardından gemiye yüklenmekte ya da doğrudan gemiye yüklenmektedir (Şekil 41).

Şekil 42: Yüklenen Konteyner Akısı (İç Dolum)

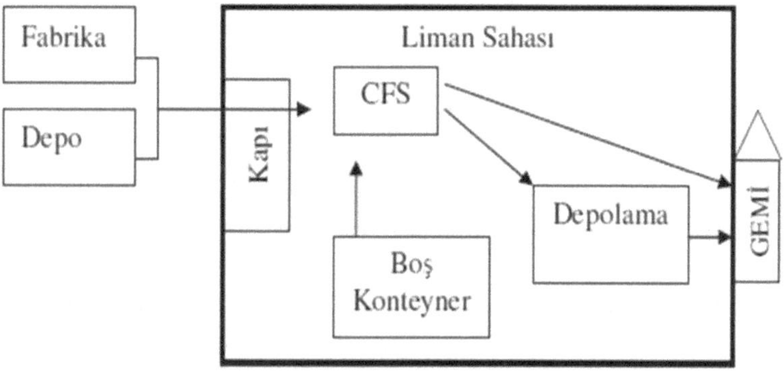

Fabrika ya da depodan CFS sahasına getirilen ürün burada depolama sahasından alınan bos konteynere yüklenmekte, daha sonra depolanmakta ardından gemiye yüklenmekte ya da doğrudan gemiye yüklenmektedir (Şekil 42).

Şekil 43: Tahliye Konteyner Akısı (Dış Boşaltım)

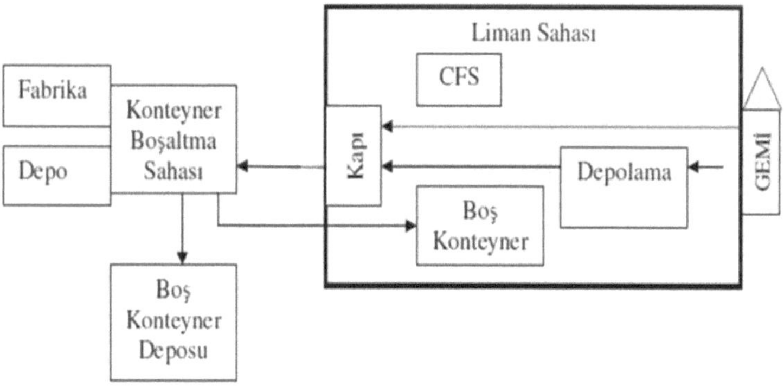

Terminale gemiden tahliye edilen konteyner önce konteyner depolama sahasında depolanmakta ardından kapıdan çıkmakta ya da doğrudan terminalden çıkarak fabrika ya da bir depoda konteynerin içi tahliye edilmektedir. Boş konteyner daha sonra ya liman dışında bir depoda istiflenmekte ya da liman sahasına geri gelmektedir (Şekil 43).

Şekil 44: Tahliye Konteyner Akışı (CFS)

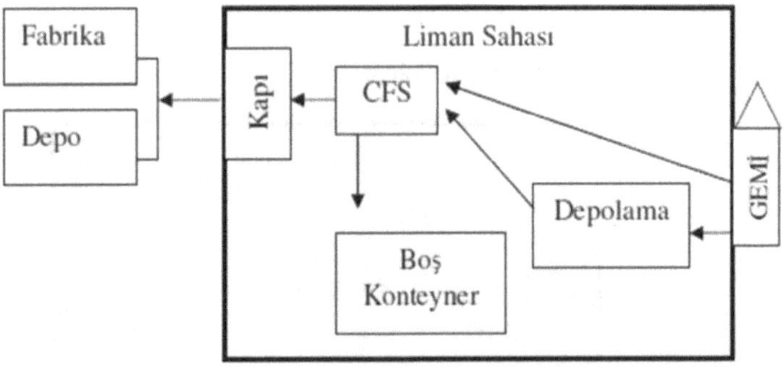

Gemiden tahliye edilen konteyner önce depolama sahasında depolanmakta ardından CFS sahasına götürülmekte ya da doğrudan CFS sahasında konteyner içi tahliye edilmektedir. Bos konteyner ise limandaki bos konteyner istif sahasına götürülmektedir (Şekil 44).

Şekil 45: Transit Konteyner Akışı

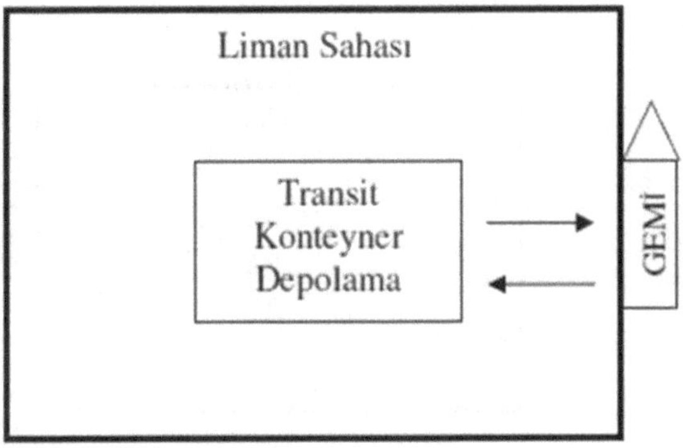

Gemiden tahliye edilen transit konteyner, transit konteyner depolama sahasında depolanmakta ilgili gemi geldiğinde tekrar gemiye yüklenmektedir (Şekil 45).

Bu durumda yükleme/tahliye/transit konteynerin terminal içinde olası hareketleri su şekilde gruplandırılabilir;

a) İhracat yönlü konteynerin 4 olası hareketi mevcuttur:

1. **CFS+Gemi (iç dolum):** Konteynerin CFS'de doldurulması ve terminal sahasında depolanmadan gemiye transferi.

2. **CFS+Depolama+Gemi (iç dolum):** Konteynerin CFS'de doldurulması, depolanması ve gemiye transferi.

3. **Kapı+Depolama+Gemi (liman dışı dolum):** Dış dolum yapılan konteynerin terminal sahasında depolanması ve gemiye transferi.

4. **Kapı+Gemi (liman dışı dolum):** Dış dolum yapılan konteynerin ve terminal sahasında depolanmadan gemiye transferi.

b) İthalat yönlü konteynerin 4 olası hareketi mevcuttur:

5. **Gemi+CFS+Bos Konteyner Deposu (liman içi boşaltım):** Gemiden tahliye edilen konteynerin CFS'de içinin boşaltılması ve bos konteyner sahasında stoklanması.

6. **Gemi+Depolama+CFS+Bos Konteyner Deposu (liman içi boşaltım):** Gemiden tahliye edilen konteynerin depolama sahasında bir süre bekletildikten sonra CFS'de içinin boşaltılması ve bos konteyner sahasında stoklanması.

7. **Gemi+Depolama+Kapı (liman dışı boşaltım):** Gemiden tahliye edilen konteynerin depolama sahasında bir süre depolanması ve doğrudan dış boşaltım yapılmak üzere terminal sahasından çıkarılması.

8. **Gemi+Kapı (liman dışı boşaltım):** Gemiden tahliye edilen konteynerin terminal sahası içinde herhangi bir isleme tabi tutmadan doğrudan terminal sahasından çıkarılması.

c) Transit konteyner ise 2 olasılıklıdır:

9. **Gemi+Gemi (aktarma gemisi hali hazırda bekliyor ise):** Ana ya da besleme gemisinden tahliye edilen konteynerin terminal sahasında depolanmadan doğrudan rıhtımdaki diğer ana ya da besleme gemisine yüklenmesi işlemi.

10. Gemi+Transit Depolama+Gemi: Ana ya da besleme gemisinden tahliye edilen konteynerin terminal sahasında öncelikle depolanarak zamanı geldiğinde diğer ana ya da besleme gemisine yüklenmesi işlemi.

Tüm bu durumları kapsayan model ise **Hata! Başvuru kaynağı bulunamadı.**'da gösterilmiştir

Şekil 46: Terminal İçi Lojistik Akısı Modeli

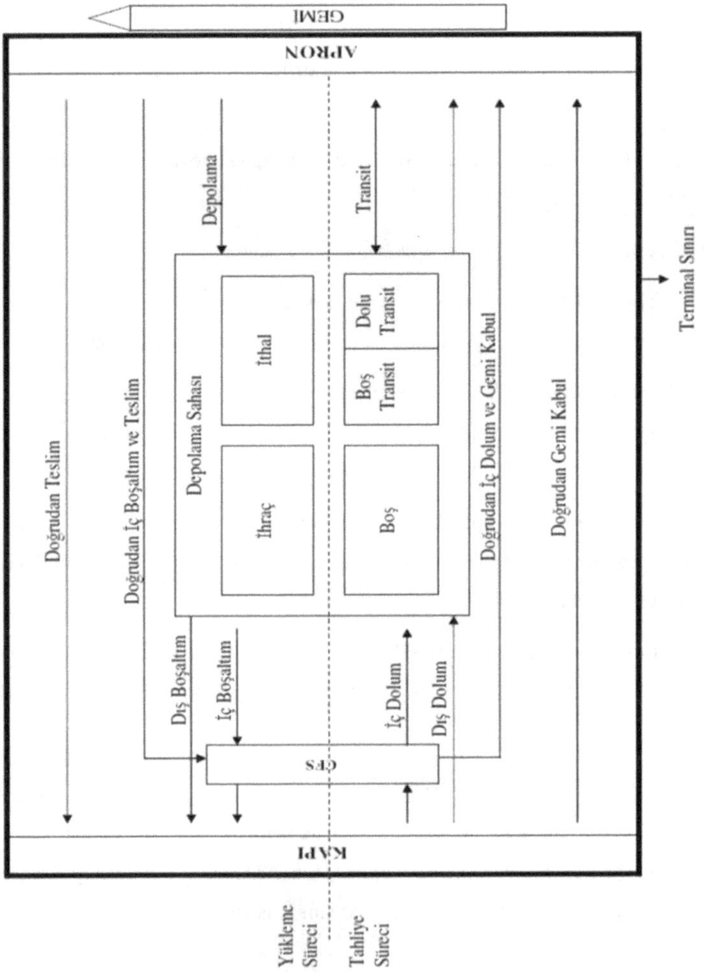

ÜÇÜNCÜ BÖLÜM

3. LİTERATÜR ARAŞTIRMASI

3.1. Literatürdeki Mevcut Çalışmalar

Benzetim, terminaldeki operasyonların performansının geliştirilmesinde yakın zamanda kullanılmaya başlanan önemli bir araç olmuştur. Benzetim yöntemi, alternatif yönetim politikalarını değerlendirmek için oldukça önemlidir. Benzetim, bilgisayar programları yardımıyla sistem hakkında ortaya bazı sonuçlar çıkarmaktadır. Bu sonuçlar karar vericiler tarafından analiz edilerek karar vericilerin tecrübeleri ile politikalar belirlenmesine yardımcı olmaktadır.

Limanlar benzetim tekniklerinin kullanılması için uygun çalışma alanları olmaktadır. Bilgisayar benzetimleri ile liman operasyonlarının, liman teknolojilerinin ve liman altyapılarının incelenmesi, analiz edilmesi ve performanslarının ölçülmesi mümkün olmaktadır.

Yapılan yayınları genelleştirmek adına başlangıcından günümüze değin, limanların benzetim ile modellenmesi hakkındaki tüm çalışmaları 5 ana baslıkta toplamak mümkündür[77]:

1. Liman operasyonları benzetim modelleri
2. Liman planlama benzetim modelleri
3. Liman tasarımı ve liman genişlemesi benzetim modelleri
4. Limanlar için matematiksel modeller
5. Konteyner terminalleri benzetim modelleri

Bu bölümde limanlar için yapılan benzetim çalışmalarından yukarıda vermiş olduğumuz konteyner terminalleri benzetim modelleri ile ilgili yapılan bilimsel çalışmalar incelenecek ve tarihsel süreç içinde değerlendirilecektir.

---

[77]Soner Esmer, **Konteyner Terminallerinde Lojistik Süreçlerin Optimizasyonu Ve Bir Simülasyon Modeli**, Dokuz Eylül Yayınları, İzmir, Şubat 2010, s.77.

3.2. Konteyner Terminalleri Benzetim Modelleri

Konteyner terminalleri; terminal optimizasyonu ve terminal verimliliği ile ilgili birçok benzetim çalışmasının yapıldığı karmaşık sistemlerdir. Her bir terminalde kullanılan teknolojik altyapı, ekipmanlar ve sistemler nedeniyle günümüze kadar konteyner terminalleri ile ilgili birçok bilimsel çalışma yapılmıştır.

Konteyner terminalleri ile ilgili yapılan çalışmalar incelendiğinde çalışmaları özellikle aşağıdaki başlıklarda toplamak mümkündür;

1. Konteyner terminallerinde rıhtım tahsisi problemi
2. Konteyner terminallerinde gemi yükleme ve boşaltma
3. Konteyner terminallerinde terminal içi konteyner taşıması
4. Konteyner terminalleri stok sahası optimizasyonu
5. Terminaller dışına taşıma ve diğer taşıma sistemleri
6. Komple konteyner terminalleri benzetim modelleri.

Konteyner terminalleri konusunda yapılan benzetim çalışmalarını kapsayan araştırmalar aşağıda sunulmuştur.

3.2.1. Konteyner Terminallerinde Rıhtım Tahsisi Problemi

Bir gemi bir limana vardığında bir rıhtıma yanaşmak zorundadır. Geminin varışından önce gemiye bir rıhtım tahsis edilmesi gerekmektedir. Konteyner gemilerinin sefer programları önceden belirlenebilmektedir. Bu sefer programları gemi hatları tarafından terminal işletmecilerine aktarılmaktadır. Böylece terminal işletmecileri gemi için rıhtım tahsisini gemi varışından önce yapmaktadırlar. Bunun yanında rıhtım tahsisi yapılırken kullanılacak gemi ve rıhtım vinçleri teknik verileri, geminin uzunluğu, geminin su çekimi (draft) ve vinçlerin uzunluğu gibi diğer ölçütlerde dikkate alınmaktadır. Gemilerin rıhtıma varışıyla beraber kara tarafında yüklenecek olan konteynerlerin operasyonları da başlatılmaktadır. Optimize edilmiş rıhtım tahsisinin birkaç amacı vardır. Pratik bir bakış açısıyla yüklenecek ve boşaltılacak tüm konteynerler için kıyı ile saha arasındaki taşıma mesafelerinin toplamı minimize edilmesidir. Yapılacak olan doğru rıhtım tahsisi ile gemi operasyonlarında yüksek verimlilik sağlanabilecektir.

Bu alandaki çalışmalar aşağıdaki gibidir:

- [Imai, 1997] yük elleçleme ve rıhtım bekleme için harcanan toplam zamanı en aza indirmek üzere çalışma statik rıhtım tahsis problemi (Static Berth Allocation Problem= SBAP) üzerine çalışma yapmıştır.
- [Imai, Nagaiwa ve Tat, 1997] liman da bekleme sürelerinin azaltılması amacıyla Asya konteyner terminalleri için rıhtım tahsis problemi (berth allocation problem=BAP) üzerine çalışma yapmışlardır.
- [Imai ve diğerleri, 2001] Japonya konteyner terminalleri üzerine yapılan bu çalışmada dinamik rıhtım tahsisi problemi üzerine çalışılmış olup, rıhtımda operasyon devam ederken gemi gelmesi durumu göz önüne alınmıştır.
- [Legato ve Mazza, 2001] Visual SLAM benzetim programı kullanılarak eğer olursa..? optimizasyon yaklaşımı ile rıhtım planlama problemi üzerine çalışma yapmışlardır.
- [Kim ve Moon, 2003] LINDO paket programı kullanılarak tam sayılı doğrusal programlama ile rıhtım çizelgeleme problemi üzerinde çalışmışlardır.
- [Guan ve Cheung, 2004] Hong Kong konteyner terminalleri için bir rıhtıma çoklu yanaşmaya olanak sağlayan; gemi geliş zamanlarını ve toplam akış zamanını optimize eden bir rıhtım tahsis modeli üzerine çalışmışlardır.
- [Wang ve Lim, 2007] rıhtım tahsis problemi üzerine çalışma yapmışlardır.
- [Eliiyi ve diğerleri, 2008] rıhtım atama problemi ve optimizasyon konusunda yapılan çalışmaların incelendiği bir çalışma yapmışlardır.
- [Esmer ve diğerleri, 2008] Arena benzetim programı ile sürekli rıhtım atama yaklaşımı ile İzmir Alsancak Limanı için benzetim çalışması yapmışlardır.
- [Bierwirth ve Meisel, 2009] rıhtım atama ve vinç rotalama problemleri üzerine çalışma yapmışlardır.
- [Liang ve diğerleri, 2009] konteyner terminallerinde genetik algoritma ile rıhtım tahsis ve dinamik çizelgeleme konusunda çalışma yapmışlardır.
- [Arango ve diğerleri, 2011] Sevilla konteyner terminali için rıhtım tahsisi problemi konusunda Arena benzetim ve optimizasyon programını kullanarak bir çalışma yapmışlardır.

- [Sun ve diğerleri, 2012] konteyner terminalleri için genel bir benzetim platformu olan MicroPort benzetim programını tanıtmak üzere çalışma yapmışlardır.
- [Abdelhafez ve Eltawil, 2013] Port Said limanı için rıhtım tahsis problemi ve vinç atama problemi için benzetim yöntemi ile çalışma yapmışladır.

3.2.2. Konteyner Terminallerinde Gemi Yükleme Ve Boşaltma

Gemi planlamanın asıl amacı yükleme ve boşaltmanın planlamasıdır. Bir geminin yüklenmesinin planlanması iki aşamalı bir süreçtir. İlk aşama gemi hattı tarafından yönetilir. Gemi hattının yükleme planı geminin rotasındaki bütün limanlara göre tasarlanmalıdır. Rota üzerindeki her bir liman ve konteynerlerin her biri için lokasyonlar gemi içinde seçilmelidir. Gemi hattının yükleme planı genellikle sayılarla tanımlanan belirli konteynerlere göre değil, konteyner kategorilerine göre hazırlanır.

Bu kategoriler; konteynerin uzunluğu ya da tipi, tahliye limanı ve konteynerlerin ağırlığı ya da ağırlık sınıfıdır. Bu kategorilere ait konteynerler gemi içinde belirli yerlere atanırlar. Gemi hatlarının bakış açısına göre optimizasyonun amacı liman operasyonu boyunca hareket sayısını (gemiden gemiye veya gemiden kıyıya olan hareketler) minimize etmek ve geminin kullanımını maksimize etmektir.

Gemi hattının yükleme planı, gemi tarafından terminal işletmesine aktarılır. Gemi hattının yükleme talimatı terminal sisteminde dosyalanır ve terminalin gemi planlamacısı için ön plan yada bir iş talimatı olarak görev yapar. Bir gemi hattının yükleme talimatı, belli kategori kümelerine ait konteynerlerin gemideki lokasyonlara atanmasını içerir. Bu talimata dayanarak terminal planlamacısı sayılarla tanımlanmış konteynerleri ilgili lokasyonlara atarlar. Lokasyonların kategori grupları ile sahadan seçilen konteynerin uyumlu olması gerekmektedir. Bir konteyner terminalinin yükleme planlama sistemi o yüzden hem planlanacak gemi kesitlerini ve hem de sahanın durumunu gösterir. Bazı sistemler, otomatik atama ve optimizasyon yapılmasına olanak sağlamaktadır. Optimizasyonun farklı amaçları olasıdır. Örneğin; vinç verimliliğinin maksimizasyonu, maliyetlerin minimizasyonu yada sahadaki yeniden hareketlerin (reshuffles) minimizasyonu gibi. Pratik bir bakışla, sahadaki yeniden hareketlerin minimizasyonu önemli bir rol oynamaktadır. Yeniden hareket, bir konteynerin alınması gerektiğinde, önce onun üstünde bulunan konteynerlerin hareket ettirilmesi gerektiği zaman gerçekleşir. Yeniden hareket; istif ile kıyı arasında taşıma süresinde gecikme yaratarak zaman harcar ve gemi operasyonu verimliliğini azaltır. Çünkü gemide yükleme başlamadan önce yükleme planı oluşturulur, bu çeşit bir optimizasyon da gerçek zamanlı olmayan (offline) gemi optimizasyonudur

Gerçek terminal optimizasyonunda, yükleme planı manuel ya da çevrimdışı (offline) bir optimizasyon süreci olsa da, gemi yükleme sürecinin yapısı, gerçek zamanlı (online) optimizasyona da uygulanabilmektedir. Çünkü yükleme işleri ve istif-kıyı arası taşıma aslında anlatıldığından daha karmaşık bir yapıya sahiptir. Vinç operasyonlarında yüksek verimliliği başarmak için konteynerler rıhtıma, doğru zamanda ve yükleme sırasına göre gelmelidirler. Yükleme sırası ve yatay taşıma sırası birbiri ile uyumlu olmalıdır. Aksi taktirde vinç bekleme süreleri ve/veya taşıma araçlarının kuyrukları oluşur. Her ikisi de vinç verimliliğini düşürür ve geminin rıhtım süresini uzatır. Ortak bir durum olarak konteynerler sahada az veya çok dağılmışlardır vince olan mesafeler farklıdır; yüksekliği fazla olan konteynerler gibi özel konteynerlerin taşınabilmesi için özel ekipmanların kullanılması gerekir. Bunların ilgili yüzdelerine bağlı olarak sahada yeniden hareketler oluşur. Tüm bunlar da ek taşıma süresi harcarlar. Manuel olarak yerleştirilen sistemlerde, performans ek olarak bir de sürücünün yeteneğine ve izleyeceği yolu belirleme kararına bağlıdır. Vinç operasyonunun teknik ya da operasyonel ihlalleri oluşur, bu da yükleme sırasını değiştirmeyi zorunlu kılar. O yüzden otomatik ekipmanlar kullanılıyor olsa bile taşıma süreleri tam olarak hesaplanamamaktadır.

Bütün bu nedenlere rağmen, önceden hazırlanan yükleme planı optimale yakın olabilmektedir. Gerçek zamanlı (online) yükleme planlaması bu problemlerin atlanmasına ya da en azından azaltılmasına olanak sağlamaktadır. Gerçek zamanlı yükleme planlamasında, belirli konteynerleri gemideki belirli pozisyonlara atayan yükleme planı hazırlanmamaktadır. Onun yerine, gemi hattının yükleme talimatındaki pozisyonlara atanan kategorilere göre konteynerler taşınmak için seçilirler. Kategorileri aynı olan konteynerler denk olarak kabul edilirler. Rıhtım vincine varış zamanlarına göre gemiye yüklenirler. O nedenle, belirli bir konteyneri, belirli bir pozisyona adresleyen belirli yükleme planı, yükleme aktivitesi ile eşzamanlı olarak oluşturulmaktadır. Gelişmiş bilgisayar programları yardımıyla gerçek zamanlı yükleme planlaması konteyner terminallerinde kullanılmaktadır.

Gemi yükleme ve boşaltma alanında yapılan çalışmalar aşağıdaki gibidir;

- [Sculli ve Hui, 1988] çalışmalarında aynı boyutlardaki konteynerlerin istiflenmesi ve elleçlenmesi üzerine bir benzetim modeli oluşturmuşlardır. Oluşturdukları modelin performans göstergeleri hacimsel kullanım, atıl elleçleme oranı, eksiklik oranı, kabul etmeme oranlarını içermektedir.
- [Avriel ve diğerleri, 1998] çalışmalarında doğrusal programlama ile yükleme ve boşaltma problemine ilişkin bir algoritma oluşturmuşlardır.
- [Wilson ve Roach, 1999] çok limana uğrayan bir konteyner gemisinde konteynerler için uygun yerleşimin belirlenmesi üzerinde çalışmışlardır. Yükleme planlama problemini ilgili stratejik problemler ve taktik planlama seviyelerine göre iki alt sürece ayırmışlardır.
- [Dubrovsky ve diğerleri, 2002] konteyner hareketlerinin sayısını minimize etmek amaçlı yükleme planlama probleminin çözümü için Genetik Algoritma (GA) kullanmışlardır. Uygun kısıtlar ile geminin stabilitesi de yansıtılmıştır. Simülasyon sonuçları genetik algoritma esaslı yaklaşımın etkinliğini ve esnekliğini göstermiştir.
- [Xiao ve diğerleri, 2009] çalışmalarında sezgisel algoritma yaklaşımı ile 5000 TEU konteyner gemilerinin yükleme ve boşaltma problemine ilişkin çalışma yapmışlarıdır.
- [Legato ve diğerleri, 2010] Konteyner gemilerinin yükleme ve boşaltma operasyonlarına ilişkin benzetim temelli bir çalışma yapmışlardır.

3.2.3. Konteyner Terminallerinde Terminal İçi Konteyner Taşıması

Gemilerin yüklenmesi ve boşaltılması için konteynerler istif blokları ve gemi arasında ve tam tersi şeklinde taşınmak zorundadırlar. Rıhtım tarafındaki taşımaların optimizasyonu sadece taşıma süresinin azaltılması anlamına gelmez, ayrıca taşımaların rıhtım vinçlerinin yükleme tahliye faaliyetleri ile senkronizasyonu anlamına da gelmektedir. Genel bir amaç vinç verimliliğini arttırmaktır. Vinç verimliliği sadece vincin teknik özelliğine (50-60 TEU/saat) bağlı değildir. Operasyondaki gerçek performans çok daha düşüktür (22-30 TEU/saat). Bu fark, postalar arasındaki molalar, ambar kapaklarının hareket ettirilmesi ve ekipmanın bağlanması, teknik ya da operasyonel arızalar ve yatay taşımalar nedeniyle oluşan sıkışıklıklar gibi üretici olmayan zamanlar nedeniyle oluşmaktadır. Ayrıca daha fazla taşıma aracı maliyetlerin artmasına ve gemi operasyonunun daha az ekonomik hale gelmesine neden olmaktadır.

Lojistiğe ilişkin olarak, gemi verimliliğinde bir kazanç rıhtım tarafında çalışan taşıma araçlarının sayısının veya hızının arttırılması ile başarılamamaktadır. Çünkü vinçlerdeki ve sahadaki tıkanıklık olasılığı bunlarla orantılı olarak artmaktadır. O nedenle geliştirilecek olan optimizasyon sistemi tıkanıklıkların minimizasyonunu sağlamak zorundadır.

Rıhtım tarafında farklı taşıma türleri ve taşıma araçlarının vinçlere tahsisi stratejileri gerçekleşmektedir. Tekli çevrim türünde taşıma araçları tek bir vinç için çalışırlar. Vincin çevrimine göre taşıtlar ya boşaltılan konteynerleri rıhtımdan sahaya taşırlar ya da ihraç konteynerleri sahadan vince taşırlar. İkili çevrim türünde ise taşıma araçları ithal ve ihraç taşımaları birleştirerek yükleme ve tahliye devrinde olan birkaç vinç ya da gemiye havuz sisteminde tahsis edilebilmektedirler.

Tekli çevrim türünde, ithal çevrimin optimizasyonu için herhangi bir potansiyel yoktur. Boşaltılan konteynerler için optimizasyon, bu konteynerler için optimal saha lokasyonlarının belirlenmesiyle sınırlıdır. Konteynerler önceden belirlenmiş istif yerlerine taşınmak zorunda oldukları için boş taşımalar azaltılamaz. Taşıma mesafeleri rıhtıma yakın lokasyonlar seçilirse ancak o zaman azaltılabilmektedirler.

Bunun yanında ihraç taşımaları için optimizasyon potansiyeli vardır. Genellikle taşıma düzeni geminin yükleme düzeni ile denk değildir. Yükleme düzeni yükleme planı, vinç dağılımı ve vinçlerin yükleme stratejisi ile belirlenir. Bununla birlikte, taşıma düzeni farklı mesafeleri, sahadaki yeniden düzenleme hareketlerini ve özel konteynerleri dikkate almak zorundadır. Özel konteynerler bazen taşımadan önce bazı özel ekipmanlara ihtiyaç duyabilmektedirler. Bütün bunlar da ek taşıma süresine neden olmaktadır. O yüzden taşıma düzeni yükleme düzeninin doğru sıralamasını sağlayacak şekilde değiştirilmek zorundadır. Vinçlerin boş beklemeleri ve vinçlerdeki ve sahadaki araç tıkanıklıklarından her ikisi de verimliliği düşürdüğü için kaçınılmalıdır.

İkili çevrim daha karmaşık olup, ikili taşıma türünde bir gemide veya komşu gemilerde çalışan vinçlerden/vinçlere olan ithal ve ihraç taşımalar birleştirilmektedir. Taşıma araçlarının vinçlere sabit olarak tahsisinden vazgeçilmiştir. Araçlar yükleme ve tahliye yapan birkaç vince hizmet veren bir havuz içerisinde çalışmaktadırlar. Boş mesafeler ve taşıma süreleri ikili çevrim türünde azaltılmıştır. İkili çevrim türünün, yüksek karmaşıklığı nedeniyle yürütülmesi daha zor fakat daha verimlidir. Vinç bekleme süreleri eğer konteynerler vinç portalının altında tamponlanırsa azaltılabilmektedir.

Terminal pratiğinde insanlar tarafından kullanılan uzun ayrık bacaklı taşıyıcılar (straddle carriers) veya çekiciler gibi ekipmanlar tek bir vinç için sabit olarak tahsis edilirken, AGV (otomatik kumandalı taşıtlar) gibi otomatik taşıma araçları her zaman havuzlanır. Eğer yükleme kapasitesi 1 konteyneri geçerse; çoklu yük türü (multiple load mode) de mümkündür. AGV'ler için çoklu yük optimizasyon potansiyeli içermektedir ama pratikte nadir olarak gerçekleştirilir çünkü yönetilmesi güçtür. Taşıma için insansız (unmanned) ekipman (ALV ve AGV) ve istif için de otomatik köprülü vinçler kullanılıyorsa, kontrol sisteminin ana görevi konteynerlerin tam zamanında vinç ve AGV'lere varmasını sağlayacak şekilde ekipman senkranizasyonunu ve boş zamanların minimizasyonunu sağlamaktır.

Pratikte gemi operasyonu dinamik bir süreçtir ve o nedenle gerçek zamanlı (online) optimizasyonu gerektirir. İthal konteynerler için konteyner boşaltılmadan ve ilgili veri ve durumu fiziksel olarak kontrol edilmeden önce kesin saha lokasyonu belirlenememektedir. Operasyonel ve teknik problemler nedeniyle vinç operasyonlarının duraklaması, geminin stabilitesi nedeniyle vinç operatörü tarafından yükleme/tahliye sırasının değiştirilmesi veya yatay taşımalar esnasında meydana gelen problemler olası sıkıntılardır. Bu sıkıntılar, sadece az sayıdaki konteyner için düzenlemenin tekrar hesaplatılmasını zorlar. Her bir durumda amaç konteynerlerin vinçlere geliş gecikmelerini ve taşıma araçlarının dolaşma süresini minimize etmektir[78].

Konteyner terminallerinde terminal içi konteyner taşıma ve bu süreçlerin optimizasyonuna ilişkin yapılan çalışmalar aşağıdaki gibidir;

- [Evers ve diğerleri, 1996] konteyner terminalleri için büyük önem taşıyan otomatik kumandalı araçların trafik kontrolü üzerine çalışma yapmışlardır.
- [Baker, 1998] çalışmasında depolama sahası ile rıhtım arasında yapılan konteyner taşımasında kaldırma özelliği olmayan kamyonlar yerine uzun ayrık bacaklı konteyner elleçleme ve taşıma ekipmanı (SC=Straddle Carriers) kullanılmasının rıhtım vinci verimliliğini geliştireceğini göstermiştir.

---

78 Steenken, Dirk, Voβ, Stefan Stahlbock, Robert : " **Container terminal operation and operations research –a classification and literature review"**, OR Spectrum, No: 26, 2004, ss. 3-49

- [Chen ve diğerleri, 1998] mega konteyner terminallerinde otomatik kumandalı araçların çalışması ile ilgili çalışma yapmışlardır.
- [Kim ve Bae, 1999] konteyner terminallerinde otomatik kumandalı araçların terminal içinde sevk edilmesi konusunda matematik modelleme ve benzetim üzerine çalışma yapmışlardır.
- [Böse ve diğerleri, 2000] çalışmalarında konteyner terminallerinin başlıca lojistik süreçleri ve bu süreçlerin optimizasyon yöntemleri üzerine çalışmışlardır. Konteyner terminallerinde konteynerlerin taşınmasının optimizasyonu ile gemilerin liman süresinin azaltılması, kullanılan ekipmanların verimliliğinin yükseltilmesi amaçlanmıştır.
- [Bish ve diğerleri, 2001] konteyner gemilerinden alınan konteynerlerin terminal depolama sahasına taşınması problemine karmaşık sezgisel algoritma geliştirme yöntemiyle çalışma yapmışlardır.
- [Grunow ve diğerleri, 2004] konteyner terminallerinde kullanılan otomatik kumandalı araçlar (automated guided vehicle = AGV) rıhtım tarafında gemiden boşaltılan yüklerin gemiden alınarak stok sahasına taşınması yada tam tersi stok sahasından alınarak gemiye taşınmasında kullanılan araçların gelecekte birden fazla konteyner taşıyabilmesi üzerine bir çalışma yapmışlardır.
- [Vis ve Harika, 2004] konteyner terminallerinde kullanılan otomatik kaldırma araçları (automated lifing vehicle=ALV) ve otomatik kumandalı araçlardan hangisinin terminal için uygun olduğunu araştırmaya yönelik benzetim yöntemiyle çalışma yapmışlardır.
- [Grunow ve diğerleri, 2006] çalışmalarında konteyner terminal içi konteyner taşımalarında kullanılan otomatik kumandalı araçların(AGV) ölçeklenebilir bir olaya dayalı benzetim modelini oluşturmuşlardır.
- [Stahlbock ve Voß, 2008] çalışmalarında küresel ticarette önemli bir yer tutan konteyner terminallerinde lojistik operasyonların optimizasyonuna ilişkin literatüre yer vermişlerdir.
- [Nguyen ve Kim, 2009] çalışmalarında otomatik konteyner terminallerinde kullanılan otomatik kaldırma araçları (ALV) için karışık tamsayı programlama modeli ile zamanlama problemi üzerine çalışmışlardır.

- [Lee ve diğerleri, 2010] çalışmalarında konteyner taşınması için araç atamalarına değişken komşuluklu arama (Variable Neighborhood Search = VNS) ve genetik algoritma (Genetic Algorithms = GA) yöntemlerini kullanmışlardır.
- [Esmer, 2010] çalışmasında Arena programı ile Marport Konteyner Terminali benzetim modelini geliştirmiş bu modelde limanın lojistik süreçlerine ilişkin performans sonuçlarını gerçek verileri kullanarak modellemiştir.
- [Klaws ve diğerleri, 2011] konteyner terminallerinde stok sahasında otomatik üçlü raylı köprülü vinç ve otomatik ikili raylı köprülü vinç Flexim CT benzetim programı ile karşılaştırmasını yapmışlardır.
- [Chen ve diğerleri, 2013] konteyner terminallerinde elleçleme vinçleri ve terminal traktörlerin birbirleri ile etkileşimlerini kısıt programlama yöntemiyle ele almışlardır.

3.2.4. Konteyner Terminalleri Stok Sahası Optimizasyonu

Konteyner terminallerinde stok sahası artan öneme sahip bir alan haline gelmiştir çünkü konteyner trafiğinin sürekli olarak artması her geçen gün limanlarda depolanan konteynerlerin artmasına ve alanın kıt bir kaynak haline gelmesine neden olmaktadır. Genellikle konteynerler zemin üzerine birkaç kat halinde istiflenirler ve tüm depolama alanı bloklara ayrılır. Depolama sahasındaki bir konteynerin lokasyonu bulunduğu blok, sıra, kolon ve kat ile adreslemektedir. Operasyonel ihtiyaçlara göre depolama sahası farklı alanlara ayrılır. Soğutmalı, tehlikeli madde ya da hasarlı konteynerler için özel alanlar ve ithal ve ihraç konteynerler için farklı alanlar vardır.

Depolama planlaması ve istifleme karar sistemi depolanacak bir konteynerin hangi blok ve hangi konuma yerleştirileceğine karar vermek zorundadır. Konteynerler üst üste istiflenmektedirler ve her birinin istifleme ekipmanı ile direk erişimi mümkün değildir. Gerekli olan bir konteynere ulaşmak için öncelikle onun üzerinde yer alan diğer konteynerlerin alınması gerekmektedir. Birkaç nedene bağlı olarak yeniden elleçleme oluşmaktadır. Bu nedenlerden en önemlisi de istiflenecek konteynere ait bilginin eksik yada yanlış olmasıdır. Konteyner terminallerinde, terminale gelen ihraç konteynerlerinin birçoğunun doğru veri eksikliği vardır. İyi bir depolama kararı için gereken veriler: ilgili gemi, tahliye limanı ve konteyner ağırlığıdır. Konteynerin terminale varışından sonra bile gemi hattı tarafından tahliye limanı ve gemisi değiştirilebilmektedir. Gemilerden boşaltılan ithal konteynerler için ise durum daha da kötüdür. Bir geminin boşaltılması esnasında sahada bir lokasyon belirlenmesi aşamasında boşaltılan konteynerlerin en çok %10-15' lik kısmının kara tarafındaki taşıma sistemi bilinmektedir.

Durumu kolaylaştırmak ve gemi tren veya tır operasyonlarına yüksek performans sağlamak için konteynerler bazen yükleme yerine yakın bir yerde ve yükleme sırasına uyacak biçimde ön-depolanmaktadırlar. Bu, yükleme planı tamamlandıktan ve gemi yüklemeye başlamadan önce yapılır. Çünkü ön-depolama ilave taşıma gerektirir, bunun da maliyeti yüksektir ve terminaller normalde sahadaki istiflemeyi optimize ederek bundan kaçınmaya çalışırlar. Ama geminin yüklenmesi mümkün olduğunca hızlı olması gerektiğinde yapılmaktadır. Stok sahası lojistiği giderek daha karmaşık ve sofistike hale gelmektedir ve terminalin toplam performansında önemli bir rol oynamaktadır.

İki çeşit stok sahası lojistiği ayırt edilmektedir. Depolama ve saha planlama sistemlerinde beklenen ithal ve ihraç konteynerlerin sayısına göre istif alanlarının ve depolama kapasitelerinin geminin varışından önce tahsis edilmesi bunlardan ilkidir. Bloklarda ve sıralarda uygun sayıdaki konum, belirli bir gemi için rezerve edilmektedir. Planlama stratejisine bağlı olarak, ihraç konteynerleri için rezervasyon tahliye limanı, konteyner tipi/uzunluğu ve konteyner ağırlığı için ayrılabilmektedir. İhraç konteynerleri için ortak bir strateji tahliye limanı ve tipi aynı olan konteynerler için bir sıra içindeki konumların rezerve edilmesidir. Geminin dengesinin (stabilitesinin) sağlanması için de ağır konteynerlerin önce yüklenmesi gerektiğinden sahada ağır konteynerler hafiflerin üzerine konulurlar. İthal konteynerler için ise daha ileri bir ayrıştırma yapılmaksızın sadece ilgili büyüklük için saha kapasitesinin rezervasyonu yapılır. Çünkü tahliye esnasında teslimatın ulaştırma şekli ve verisi genellikle bilinmemektedir. Eğer ulaştırma şekli biliniyor ise ithal alanlar buna göre ayrılabilmektedir. İthal konteynerler için ortak strateji ithalat alanındaki herhangi bir konumun seçilmesi ve aynı depolama tarihli konteynerlerin orada kümelenmesidir. Saha ve planlama nadir olarak gerçek teslimatla uyuşmaktadır çünkü konteynerin teslimi önceden tam olarak tahmin edilemeyen rastlantısal (stokastik) bir süreçtir. Bu saha tasarımının kalitesi iyi bir istif konfigürasyonunun nasıl belirleneceği stratejisine ve konteyner geliş dağılımının iyi bir tahminine bağlıdır. İki faktörün de çözülmesi zordur ve yüksek oranda yeniden düzenleme hareketi ile sonuçlanmaktadır. Ayrıca, saha konumlarının rezervasyonu da istif kapasitesini işgal eder.

Bütün bu dezavantajları yüzünden bazı terminaller dağınık (scattered stacking) istifleme diye adlandırılan bir istif tasarımı kurmuşlardır. Dağınık istiflemede, artık sahanın belli kısımları belli bir geminin gelişine atanmıyor ama belli bir yanaşma yerine atanıyor. Bir konteyner geldiğinde, bilgisayar sistemi geminin programından hareketle gemi için uygun yanaşma yerini seçmekte ve otomatik olarak bu demirleme yeri için ayrılmış olan alan içinde iyi bir istif konumu aramaktadır. Gerçek zamanlı olarak bir istif konumu seçilmekte ve -gemi, konteyner tipi / uzunluğu, tahliye limanı ve ağırlığı- aynı olan aynı kategorideki konteynerler birbirlerinin üstüne kümelenmektedirler. Bir gemiye ait konteynerler kendi istif alanları içerisinde rastlantısal olarak dağılmaktadırlar; saha konumlarının rezervasyonu artık gerekli olmamaktadır. Bu tasarım daha yüksek bir saha kullanımı sağlamaktadır çünkü herhangi bir konum rezerve edilmemektedir. Ayrıca istifleme kıstası ile geminin yükleme kıstası örtüştüğü için yeniden düzenleme miktarı dikkate değer biçimde azalmaktadır.

Konteyner özellikleri saha istif konseptlerinde önemli bir rol oynasa da lojistik süreçlerin iyileştirilmesi için ilave parametreler dikkate alınmalıdır. Örneğin yükleme operasyonuna yüksek performans sağlamak amacıyla taşıma uzaklığını minimum yapacak şekilde konteynerler gelecekteki yükleme yerine yakın bir yerde istiflenmelidirler. Rıhtım vinçlerinin performansı istif ve taşıma ekipmanının performansından daha yüksek katlıdır. O nedenle, aynı kategoriye sahip konteynerlerin, taşıtların gereksiz bekleme sürelerinden ve sıkışıklıklardan kaçınmak için birkaç blok ve sırada dağıtılmaları gerekmektedir. Diğer istif ekipmanının ve köprülü vincin gerçek iş yükü de dikkate alınmalıdır çünkü kullanımı fazla olan ekipmanlara ilave görevlerin verilmesi bekleme sürelerine yol açmaktadır. Her bir faktörün ağırlığı parametrelerle ölçülerek, tüm bu faktörler bir algoritmaya entegre edilebilmektedir[79].

İhraç, ithal ve boş konteynerler arasında her birinin terminale getiriliş şeklini etkileyen farklılıklar vardır. Konteynerin gemiden direk demiryolu veya karayolu aracına transfer edilebileceği bazı yakın deniz trafiği hariç, transfer işleyişinde iki adım

---

[79] Steenken Dirk, Vob, Stefan and Stahlbock, Robert " **Container terminal operation and operations research a classification and literature review**" OR Spectrum,No: 26, 2004, ss. 3-49

mevcuttur: gemiden önce ithal konteynerler alınır ve karaya veya çekiciye yerleştirilir. Buradan rıhtıma bitişik olmayan bir istif alanına götürülür, daha sonra (genellikle birkaç gün sonra) bu istif yerinden alınarak iç varış noktalarına ulaştırılmak üzere kara veya demiryolu araçlarına yerleştirilir. İhraç konteynerler, gemi gelişinden günler önce getirilerek, rıhtım vincinin ulaşım alanı içinde bir yer olmamak kaydıyla, yükleme rıhtımına yakın bir alana istiflenirler. Bu yerden daha önce yapılmış olan bir planlamaya göre belli bir sırada alınarak, rıhtım vincinin altındaki alana ulaştırılırlar ve gemide ayrılmış olan yerlerine yerleştirilirler. Gemiyle gidecek olan boş konteynerlerde de, ihraç konteynerler için geçerli olan planlama şekli uygulanmaktadır. Deniz veya karayolu ile gelen boş konteynerler genelde ithalat konteynerlerinden ayrılarak, özel bir depolama alanında istiflenmektedir. İthal konteynerlerin terminaldeki yerleşimine ayrıca ileri aşamadaki teslimi için taşıma sistemi de etki etmektedir; karayolu ile ulaşımı sağlanan, demiryolu ile ulaşımı sağlanan ve parsiyel konteynerleri terminale doğru farklı rotalar izlerler ve rıhtım vincini terk eder etmez ayrılabilirler[80].

Konteyner stok sahası optimizasyonu ve konteyner depolama konusunda yapılan çalışmalar aşağıdaki gibidir;

- [Taleb-Ibrahimi ve diğerleri, 1993] bir konteyner terminaldeki ihraç konteynerler için elleçleme ve depolama stratejileri tanımlamışlar ve bunların performansını gerekli olan elleçleme hareketi sayısıyla ve alan miktarı ile ölçmüşlerdir. Verilen belirli bir trafik için önerdikleri stratejilerin uygulanabilmesi için gereken minimum alan miktarını belirlemişlerdir. Operasyonel düzeyde de elleçleme hareketi miktarının nasıl tahmin ve minimize edileceğini tanımlamışlardır.
- [Castilho ve Daganzo, 1993] istif yüksekliğinin aynı olmasını sağlamaya çalışan ve geliş zamanlarına göre konteynerleri ayırmak ya da gruplandırmak olan iki strateji altında ithal konteynerlerin operasyonları için gereken elleçleme miktarını ölçen yöntemler sunmuşlar ve bu stratejileri ideal hale getirilen bir durumda kıyaslamışlardır.
- [Kim, 1997] belirli bir başlangıç istif yapılandırması (configuration) için rastgele bir konteyneri istiften almak ve bu sebepten oluşacak keyfi yığını

---

80 Branch, E. Alan **"Elements Of Port Operation And Management"**, New York, Chapman And Hall Lth, 1986, p-88

temizlemek ve istifteki tüm konteynerlerin alınması için yapılması gereken toplam yeniden düzeltme hareket sayısını hesaplayan bir çalışma yapmıştır. Beklenen yeniden elleçleme sayısını kolaylıkla ve çabuk hesaplayacak regresyon denklemleri ve tablolar oluşturulmuştur.

- [Bruzzone ve Signorile, 1998] konteyner terminalinde konteynerlerin yerleşiminin planlanması ve optimizasyonu için benzetim yöntemini kullanmışlardır. Genetik algoritmalarla da konteyner kümelerinin oluşumunu ve sahadaki yerleşim konumlarının belirlenmesi üzerinde çalışmışlardır.
- [Kim ve Bae, 1998] konteyner terminalindeki gemilerin çevrim süresini azaltmak amacıyla depolama sahasında bulunan ihraç konteynerlerin bulundukları yapılandırmalardan gemilere yüklemek için en iyi yapılandırmalara yeniden nasıl düzenleneceğini tartışmışlardır. Blokların mevcut yerleşim düzenini istenilen hale getirmek için problemi üç alt probleme ayırmışlardır. Blok eşleştirme için dinamik programlama ve hareket planlama içinde ulaştırma modeli ve görevlerin sıralaması için de dinamik programlama tekniklerini kullanmışlardır.
- [Kim ve Kim, 1999] ithal konteynerler için depolama sahasının nasıl tahsis edileceğini dikkate almışlardır. Yeni gelen konteynerlerin daha önce terminale gelmiş konteynerlerin üstüne konulmasına izin verilmediği ayırma stratejisi ile sabit, periyodik ve dinamik geliş süreli ithal konteyner vakalarını analiz etmişlerdir.
- [Kim ve diğerleri, 2000] yükleme operasyonu için beklenen yeniden yerleştirme hareketi sayısını minimize edecek şekilde ihraç konteynerlerin depolama konumlarının belirlenmesi için bir dinamik programlama modeli formüle etmişlerdir.
- [Preston ve Kozan, 2001] amaç fonksiyonu konteyner gemilerinin çevrim süresini minimize etmek olan, çözümünü genetik algoritma kullanarak sağladıkları bir konteyner yerleşim modeli geliştirmişlerdir. Konteyner elleçlemenin farklı programları (tesadüfi, FCFS, LCFS) için optimal depolama stratejisinin belirlenmesi amacıyla problemi karma tamsayılı programlama modeli olarak formüle etmişlerdir.

- [Zhang ve diğerleri, 2003] ithal, ihraç ve transit konteynerlerin aynı blokta istiflendiği kompleks bir terminalde depolama yer tahsis problemi üzerinde çalışmışlardır.
- [Park ve diğerleri, 2011] otomatik konteyner terminalleri için gelen konteynerlerin istifleme konumları depolama verimliliği için en önemli kararlardan birisidir. Çalışmalarında gelen konteynerler için dinamik olarak çevrim içi (online) arama algoritması üzerinde benzetim yöntemi kullanarak çalışmışlardır.
- [Dekker ve diğerleri, 2006] otomatik bir konteyner terminalinde konteyner istifleme politikalarını inceledikleri çalışmalarında konteyner gemilerinin kapasitelerinin arttıkça terminal içinde kullanılan ekipmanlar, istifleme politikaları üzerinde de baskı oluşturduğu üzerinde durarak benzetim yöntemiyle sorularına cevap aramışlardır.
- [Kang ve diğerleri, 2006] konteyner terminalinde ağırlıkları belirsiz olan ihracat konteynerleri istifleme stratejileri konusunda elleçleme sayısını azaltmak amacıyla benzetim yöntemini kullanarak çalışma yapmışlardır.
- [Kefi ve diğerleri, 2007] konteyner depolama problemine sezgisel arama yöntemiyle iki çözüm modeli sunmuş ve geliştirmişlerdir. Bu modellerden ilki bilinçsiz arama algoritmasına dayalı temel model ve ikincisi bilinçli bir arama algoritmasına dayalı genişletilmiş modeldir. Temel model konteyner depolamanın benzetimine ve çözülmesine izin verirken genişletilmiş model optimizasyon yapılmasını sağlamaktadır.
- [Borgman ve diğerleri, 2010] konteyner terminal verimliliği için önemli konulardan olan konteyner depolama üzerine kesikli olay benzetim yöntemini kullanarak çevrim içi depolama optimizasyonu ve karşılaştırmasını gerçekleştirmişlerdir.
- [Park ve diğerleri, 2010] otomatik konteyner terminali için çok amaçlı evrimsel algoritmalar kullanarak istifleme politikaları üzerine benzetim yöntemiyle çalışma yapmışlardır.
- [Jahromi ve diğerleri, 2012] çalışmalarında İran'nın Anzali limanı için konteyner yerleşim planı ve istif dağılımı konusunda analitik hiyerarşi prosesi yaklaşımı ile benzetim modeli oluşturmuşlardır.

- [Huiling ve diğerleri, 2012] konteyner limanına rastgele sırayla gelen ihracat konteynerleri için istifleme stratejileri üzerine Flexim benzetim programı ile model oluşturmuşlardır. Benzetim yöntemiyle terminal için istifleme stratejileri geliştirmişlerdir.

3.2.5. Terminaller Dışına Taşıma Ve Diğer Taşıma Sistemleri

Konteyner terminali dışına taşıma demiryolu operasyonu, karayolu operasyonu ve dâhili taşımalar olarak ayrılmaktadır. Yaygın bir operasyon mantığı beklenen iş yüküne uygun olarak her bir operasyon kümesi için belli sayıda taşıtın tahsis edilmesidir. Daha ileri bir strateji ise tüm bu çalışma alanları için taşıtların havuzlamasıdır. Demiryolu araçları genellikle köprülü vinçler ile yüklenip boşaltılırken istif ve demiryolu arasındaki taşımalar uzun ayrık bacaklı konteyner elleçleme ve taşıma aracı (SC) , terminal traktör, çekici ve benzeri araçlar ile gerçekleştirilir. Daha sonra konteynerler ya demiryolu boyunca ya da doğrudan çekicinin üzerinde tamponlanırlar. SC'lerin vagonların üzerinden konteynerleri alıp bıraktığı durumlarda ise sadece SC operasyonları gerçekleşmektedir.

Demiryolu operasyonu rıhtım tarafı operasyonu ile benzerdir. Bir yükleme planı her bir konteynerin hangi vagona yükleneceğini gösterir. Konteynerin vagon pozisyonu, konteynerin varış yerine, tip ve ağırlığına vagonun maksimum yüküne ve vagon pozisyonunun trendeki sırasına bağlıdır. Yükleme planı yine demiryolu firması tarafından belirlenmekte ve terminal işletmesine gönderilmektedir. Terminal işletmecisinin amacı sahadaki yeniden düzenleme hareketi sayısını minimize etmek, vinçlerin bekleme sürelerini minimize etmek, vinç ve taşıtların boş dolaşma mesafesini minimize etmek iken demiryolu işletmecisinin amacı demiryolu aracının nakliyesi süresince vagonların/katarın bir hattan başka bir hatta geçirilmesi faaliyetlerini minimize etmektir. Her konteyner için belirli pozisyonlar yerine konteyner kategorileri için vagon pozisyonlarını belirten yükleme talimatı gönderilir ise o zaman demiryolunda optimizasyon uygulanabilmektedir. O zaman saha durumu yansıtıla bilinir. Vincin gereksiz hareketlerden ve bekleme sürelerinden kaçınmak için taşıma ve vinç faaliyetleri senkronize edilmelidir. Bir veya birkaç trenin paralel olarak yüklenip boşaltılmasına göre tekli ve ikili çevrim modları vardır. Çekiciler, terminale konteyner verilerinin kontrol edildiği ve bilgisayar sisteminde dosyalandığı kapılardan geçerek varırlar. Çekiciler sonra konteynerlerin terminal ekipmanıyla yüklenip boşaltıldığı işlem noktalarına giderler.

Büyük konteyner terminalleri günde birkaç bin çekiciye hizmet verir. İşlem noktaları ya istif vincinde ya da SC operasyonu durumunda ise sahanın içindedir. Çekici sürüş çizelgesi geçilmesi gereken noktaların sırasını tarif etmektedir. Çekicilerin işlem noktalarına geliş zamanı önceden tam olarak bilinememektedir. Çekiciler işlem noktasına gelmeden terminal ekipmanı taşıma işine başlayamamaktadır. Trafik hacminin devamlı olarak değişmesi yüzünden, optimizasyon esnek ve hızlı olmak zorundadır. Gerçek zamanlı (online) optimizasyon talep edilmektedir. Boş mesafelerin ve dolaşma sürelerinin minimizasyonu çekici operasyonundaki optimizasyon amaçlarıdır. Eğer ihraç konteynerlerinin işlem noktalarından sahaya taşınmaları ithal konteynerlerin sahadan aktarma noktalarına taşımaları ile birleştirilirse boş mesafeler azaltılabilmektedir.

Farklı sebepler yüzünden iç hareketler oluşmaktadır. Eğer terminalde boş konteynerler için sundurma ya da depolar var ise ilave taşımalar yapılmak zorundadır: boşaltılacak ithal konteynerlerin ilgili sundurmaya ve doldurulan konteynerlerin de ihraç alanına taşınmaları zorunludur. Boş konteynerlerin sundurmalarda doldurma amaçlı bulundurulmaları gerekirken boşaltılan konteynerlerin de boş depo ya da sahada depolanmaları gerekmektedir. Boş konteynerler gemi, demiryolu aracı ve karayolu aracı yüklemeleri için gerekmektedir ve dengesizlikler yüzünden, ilgili sahaya yada işlem noktasına taşınmak zorundadırlar. Bir geminin gidişi için atanan bazı konteynerlerin, geminin fazla rezervasyon yaptırması nedeniyle terminalde kaldığı durumlarda da ilave taşımalar gerçekleşir. Sahanın yeniden organize edilmesi zorunludur. Bu tip taşımaların özelliği yapılması gereken işlerin sıralamasıdır. Bazen zaman aralıkları gerçekleştirilmelidir. Genelde bu tip taşımalar için zaman, gemi ve çekici operasyonlarında olduğu gibi kritik bir öneme sahip değildir. O yüzden terminal bu tip taşımaları iş yükü daha az olduğu zamanlarda gerçekleştirir. Amaç boş ve yüklü taşıma sürelerini minimize etmektir[81].

Konteyner dışına yapılan taşımalar ve bu taşımalarda kullanılan taşıma sistemleri ile ilgili çalışmalar aşağıdaki gibidir;

- [Ballis ve Abacoumkin, 1996] konteyner terminallerinin kara tarafının tasarım ve değerlendirilmesi amacıyla kullanılabilecek bir benzetim modeli

---

81 Steenken, D., Vob, S., Stahlbock, R., "**Container terminal operation and operations research - a classification and literature review**", OR Spectrum 26,2004, p.3-49.

geliştirmişlerdir. Sistemin performansını araştırmak için beş sezgisel arama modele dahil edilmiştir. Gerçek bir model elde edebilmek amacıyla modelde yöneticilerin tecrübelerine de yer verilmiştir.

- [Powell ve Carvalho, 1998] dorselerin ve konteynerlerin bir çekiciye atanması kısıtlarını dikkate alarak çekici akışının optimizasyonu için dinamik bir model önermişlerdir. Problemi, geniş bir ekipman çeşidi ve karmaşık işletme kurallarıyla başa çıkan bir lojistik kuyruk şebekesi olarak formüle etmişlerdir. Karar vericiler için geliştirilmiş küresel lojistik kuyruk şebeke modeliyle sağlanan yararlı bilgilere bağlı olarak daha küçük bir çekici filosunun mümkün olduğunu göstermişlerdir.
- [Bostel ve Dejax, 1998] konteyner terminallerinde karayolu taşımasına alternatif olarak demiryolu taşımacılığının kullanılması konusunda çalışmışlardır. Aktarma sahasına bir çok demiryolu aracının gelerek aynı anda operasyon yapılmasına imkân olduğu ve yüklemesi biten aracın ayrılması halinde yerine yeni aracın gelmesinin mümkün olabileceğini göstermişlerdir.
- [Newman ve Yano, 2000] çalışmalarında modlararası konteyner taşımacılığında demiryolu taşımacılığını ele almışlardır. Bu çalışmanın hedefi işletme maliyetini, her bir tren için uygulanan masrafı, değişken ulaştırma maliyetini, her bir konteynerin elleçleme maliyetini, depolama maliyetini minimize etmektir. Çalışmalarında doğrusal tam sayılı programlama yöntemini kullanmışlardır.
- [Steenken, 2003] çalışmasında Hamburg'daki bir konteyner terminalinde uygulanan SC araçlarının optimizasyon sistemini açıklamıştır. Çalışmaya konu olan SC optimizasyon sistemi, taşıma esnasındaki gereksiz boş mesafelerin azaltılmasını amaçlamaktadır. Bu problemin çözümü için de doğrusal programlama kullanmıştır.
- [Kim ve diğerleri, 2003] konteyner terminallerinde müşterilere ait çekicilerin teslim alma ve teslim etme operasyonları esnasındaki bekleme süresinin müşteri hizmet düzeyi değerlendirilmesinde önemli bir gösterge olması nedeniyle çekicilerin hizmet gecikme maliyetlerini minimize edecek sıralama metodları üzerinde çalışmışlardır. Bütün araçların gelişlerinin önceden bilindiği statik sıralama problemi için dinamik programlama modeli geliştirmişlerdir. Yeni araçların devamlı olarak geldiği dinamik durumlar için

ise öğrenme temelli yöntemler önermişlerdir. Ayrıca birkaç sezgisel kural da geliştirmişler ve tüm bu yaklaşımların performanslarını benzetim çalışması ile karşılaştırmışlardır.

- [Duinkerken ve diğerleri, 2006] çalışmalarında Maasvlakte konteyner terminali dış taşımaları için üç sistemin karşılaştırılması konusunda kesikli olay benzetim modeli geliştirmişlerdir. Çalışmalarında çok römorklu sistemin, otomatik kumandalı araçların (AGV) ve otomatik kaldırma araçlarının (ALV) karşılaştırmasını gerçekleştirmişlerdir.
- [Harris ve diğerleri, 2012] ProcessModel yazılımı ile Huntsville Uluslararası Aktarma Merkezi konteynerlerin karayolu, demiryolu ve hava yolu aktarmaları için benzetim modeli geliştirmişlerdir.
- [Tierneya ve diğerleri, 2013] Maasvlakte ve Hamburg konteyner terminalleri gerçek verilerini kullanarak tam sayılı programlama ile terminal dışına yapılan taşımalar için bir model geliştirmişlerdir. Geliştirilen model ile terminalin alt yapı yatırımları, araç yatırımları konularında analiz yapılması gerçekleştirilmektedir. Çalışmalarında modelin çıktılarının terminal dışına taşımalar için geliştirilebilecek benzetim modelin için kullanılabileceğini belirtmişlerdir.

3.2.6. Komple Konteyner Terminalleri Benzetim Modelleri

Benzetim, terminaldeki operasyonların performansının geliştirilmesinde son yıllarda kullanılmaya başlanan önemli bir araç olmuştur. Stratejik, operasyonel ve taktiksel olmak üzere üç tür benzetim modeli ayrımı yapılabilmektedir.

Stratejik benzetim modelleri, farklı tipteki terminal yerleşim düzeni ve elleçleme ekipmanlarının verimlilik ve belirlenen maliyetler çerçevesinde karşılaştırılması ve araştırılmasında uygulanmaktadır. Genelde yeni bir terminal planlandığında veya mevcut terminalin yerleşim planı veya ekipmanları değişmesi gerektiğinde kullanılmaktadır. Stratejik benzetim modelleri farklı terminal yerleşim planlarının kolaylıkla tasarımına ve farklı tip elleçleme ekipmanlarının kullanılmasına olanak vermektedir. Stratejik benzetim modelinin ana amacı yüksek performans ve düşük maliyet sağlayacak terminal yerleşim düzenine ve elleçleme ekipmanlarına karar vermektir. Gerçekliği yakalamak için benzetim modelleri, gerçekçi senaryoların oluşturulmasına veya mevcut terminallerden veri alınmasına izin vermektedir.

Operasyonel benzetim modelleri; farklı terminal lojistik ve optimizasyon yöntemlerinin test edilmesinde kullanılmaktadır. Bu yöntem en azından büyük terminallerde artan bir kabul görmüştür. Büyük terminallerdeki terminal operasyonu ve lojistiği çok karmaşık olduğu için seçilen yöntem ile alternatif lojistik veya optimizasyon yöntemlerinin etkisi test edilmelidir. Böylelikle, optimizasyon yöntemleri gerçek terminal kontrol ve yönetim sistemlerine uygulanmadan önce benzetim yöntemi ile bilgisayar sistemleri ile test edilmektedir.

Taktiksel benzetim modelleri, bu modellerin terminallerin operasyon sistemlerine entegrasyonu anlamını taşımaktadır. Operasyondaki sapmalar operasyonu paralel olarak benzetim yöntemi ile modelleyebilecek ve eğer gerçek operasyonlarda karışıklık çıkarsa elleçleme alternatifleri için tavsiye verilebilecektir. Operasyonla senkronize bir şekilde gerçek operasyon verisi alınmalı ve analiz edilmelidir. Bu gereklilik nedeniyle taktiksel benzetim modelleri çok az veya kısmi bir şekilde konteyner terminallerinde kullanılmaktadır[82].

Benzetim modeli çıktıları; terminal planlayıcıları, operatörler ve yöneticiler için değerli karar destek bilgisi sağlamaktadır. Konteyner terminalleri benzetim modelleri ile ilgili yapılan çalışmalar aşağıdaki gibidir:

- [Kozan,1997] çalışmasında konteyner terminalleri transfer verimliliğini ele almışlardır. Kuyruk teknikleri kullanılarak analitik planlama modelleri geliştirmiş daha sonra benzetim modeli yaparak karşılaştırma yapmıştır.
- [Gambardella ve diğerleri, 1998] çalışmalarında İtalya'da bulunan Contship La Spezia Konteyner Terminali için oluşturulan benzetim modeli ve opimizasyonu bir karar destek aracı olarak sunmuşlardır. Terminal kaynaklarının atama problemlerine yöneyle araştırması tekniklerini kullanarak çözümler geliştirmişlerdir.
- [Yun ve Choi, 1999] çalışmalarında Pusan ve Kore'deki gerçek terminallerin sadeleştirilmiş hali olan daha basit bir terminal sistemini dikkate almışlardır. Transfer vinçleri, köprülü vinçler, çekiciler ve terminal traktörlerinden oluşan ekipmanlar, rıhtım, konteyner depolama

---

82Dirk Steenken, Stefan Vo β, Robert Stahlbock, " **Container terminal operation and operations research - a classification and literature review**", OR Spectrum, No: 26, 2004, p. 34.

sahası ve kapıdan oluşan konteyner terminal sisteminin analizi için amaç odaklı benzetim dili SIMPLE ++ yı kullanan bir benzetim modeli önermişlerdir. Bu benzetim modeli ile sistemin performansını analiz etmişlerdir.

- [Kozan, 2000] çalışmasında konteyner terminallerinde transfer verimliliğini etkileyen en önemli faktörleri göstermiştir. Konteyner süreçlerini şebeke modeli ile analiz etmiştir.
- [Kia ve diğerleri, 2002] bilgisayar benzetim modelleri karmaşık yük elleçleme tesislerinin tasarımının değerlendirilmesi için standart bir yaklaşım olmuştur. Benzetim modeli gerçek zamanlı istatistik sonuçlarına göre terminal kapasitesine göre gemiden demiryolu araçlarına yüklemenin ve bu yüklemede envanter maliyetlerinin, gemilerin limanda bekleme sürelerinin gösterilmesini sağlamışlardır.
- [Shabayek ve Yeung, 2002], çalışmalarında, Hong Kong'daki Kwai Chung konteyner terminallerini benzetim modelini yapmak için Witness yazılımını kullanan bir benzetim modeli geliştirmişlerdir. Konteyner terminallerinin gerçek operasyon sistemlerinin tahmininde iyi sonuçlar elde etmişlerdir
- [Hartmann, 2004] konteyner terminal lojistiğinde rıhtım planlama yada vinç çizelgeleme gibi optimizasyon problemlerinin çözümünde kullanılan algoritmalarda test verisi olarak ve benzetim modellerinde girdi olarak kullanılabilecek senaryolar üreten bir yaklaşım üzerinde çalışmıştır. Senaryo gemilerin, trenlerin ve çekicilerin gelişleri ile ilgili veriler ve yüklenen ve tahliye edilen konteynerlerle ilgili bilgilerden oluşmaktadır.
- [Vis ve Harika, 2004] çalışmalarında otomatik kumandalı araçlar (AGV) ve otomatik kaldırma ekipmanları (ALV) kullanmanın bir geminin tahliye süresine etkilerini benzetim çalışmalarıyla araştırmışlardır. Daha doğru bir analiz için duyarlılık analizi yapılmıştır. Sonuçlar terminal dizaynının ve rıhtım vinçlerinin teknik özelliklerinin, optimal ekipman çeşidinin ve araç sayısının belirlenmesini etkilediğini göstermiştir.
- [Abacoumkin ve Ballis, 2004] çalışmalarında terminal tasarımı, yük hacmi, operasyon koşulları, terminal yerleşimi, ekipman seçimi

konularına performans, uygunluk ve maliyet açısından değerlendirebilecek benzetim modeli geliştirmişlerdir.

- [Alattar ve diğerleri, 2006] çalışmalarında konteyner terminali yatırım kararlarında konteyner kuyruklarının benzetim modeli üzerinde çalışmışladır. Konteyner gemilerinin bazı durumlarda konteyner terminallerine yanaşamadığı limanın açığında demirleyip buradan konteynerlerin deniz araçları (small crafts) yardımıyla yükleme-boşaltma işlemini gerçekleştirdiği durumun benzetim modelini geliştirmişlerdir.
- [Bielli ve diğerleri, 2006] çalışmalarında kesikli olay benzetimi yöntemini kullanarak konteyner terminal operasyonlarının benzetimini yapmışlardır.
- [Stahlbock ve Voß, 2008] konteyner terminallerinde yapılan yöneylem çalışmalarına ilişkin literatür taramasını gerçekleştirmişlerdir. Çalışmalarında konteyner terminallerinde lojistik süreçler, planlama, optimizasyon ve benzetim çalışmalarına ilişkin literatürü sunmuşlardır.
- [Huang ve diğerleri, 2008] çalışmalarında terminal tasarımı, kapasite planlama ve operasyon planlama unsurlarını içeren karmaşık konteyner terminal operasyonlarının benzetiminin yapmışlardır. Benzetim modelinde Singapur bölgesindeki terminallerin gerçek verileri kullanılmıştır.
- [Longo, 2010] çalışmasında konteyner terminallerinde konteynerlerin akışının daha iyi sağlanması amacıyla operasyonel politikalar ve uygulamaları geliştirmek için bir araştırma yaklaşımı önermektedir. Gerçek konteyner terminali verileri kullanarak yaptığı çalışmasında Deney Tasarımı ve Varyans Analizi tekniklerini kullanmıştır.
- [Clausen ve dğerleri, 2012] çalışmalarında konteyner terminal yöneticileri için terminal operasyonlarının ContSim paket programı ile benzetim modeli geliştirilmesini ve model üzerinden stratejiler geliştirilmesini göstermişlerdir.
- [Cartenì ve Luca, 2012] çalışmalarında kesikli olay benzetimi yaklaşımıyla konteyner terminalleri için stratejik ve taktiksel planlama için Vitness benzetim programı ile bir model oluşturmuşlardır.

3.2.7. Çalışmanın Literatüre Katkısı

Liman yöneticileri için karar destek sistemi olarak benzetim yöntemi ile modelleme son yıllarda yaygın olarak kullanılmaya başlamış olup bu bağlamda yukarıda da görüldüğü gibi geniş bir literatürün oluşmasına katkı sağlamıştır. Benzetim yöntemi limanların yatırım sürecinden başlayarak yatırım yapılacak limanın modellenmesinden, gemilerin limanlara yanaşmasında, yükleme-boşaltma operasyonlarının planlanmasında, limanların lojistik sistemlerinin planlanması ve performanslarının ölçülmesine kadar birçok alanda uygulanmakta olan bir tekniktir.

Araştırma kapsamında geliştirilen modelde uygulama limanı bir konteyner terminalidir. Yapılan çalışma "konteyner terminallerinde terminal içi konteyner taşıması" başlığı altında değerlendirilebilir. Bu literatür altında yapılan çalışmalar incelendiğinde yapılan çalışmaların konteyner terminallerinde yükleme-boşaltma vinçleri ile taşıma araçları performanslarının liman verimliliği içindeki etkisinin araştırıldığı ve bu verimliliğin arttırılması için yapılması gerekenler hakkında oldukları görülmektedir. Özellikle son yıllarda konteyner taşımacılığının artması ile beraber yapılan çalışmaların sayısında da bir artış olmuştur.

Liman benzetim modellerinin yapılmasında ARENA, Simio, PortSim, Flexsim CT gibi birçok program kullanılmakta olup; yapılan çalışmaların çoğu ARENA programı ile yapılmıştır. Bu çalışmada konteyner terminal benzetim modeli yapılması için geliştirilmiş olan Flexsim CT programı ile konteyner terminali yük operasyonlarında kullanılan vinçlerin, çekicilerin ve saha kullanımının verimlilik ve performans ölçümü yapılması hedeflenmiştir.

DÖRDÜNCÜ BÖLÜM

4. UYGULAMA

Bu bölümde Gemlik Borusan Limanı Konteyner Terminali operasyon süreçleri ayrıntılarıyla ele alınmıştır. Daha sonra terminalin benzetimi yapılmış olan modelden elde edilen bulgular analiz edilip sistemi verimliliği değerlendirilmiştir.

4.1. Araştırmanın Kapsamı

Konteyner terminali operasyonlarını temelde yükleme-boşaltma operasyonları ve konteynerlerin taşınması süreçleri içermektedir. Bu operasyonların performans ölçümlerinin yapılması ve iyileştirme çalışmalarının yapılması konusunda benzetim yönteminin kullanılması liman yöneticileri için önemli bir karar destek sistemi olmaktadır. Bunun en büyük sebebi konteyner terminallerinin karmaşık yapısından dolayı matematiksel modelleme yönteminin pratik olmamasıdır. Benzetim yöntemi ile farklı proje modelleri oluşturularak performans değerlerinin kıyaslanması, senaryolar üzerinden tasarlanan operasyonlarda oluşabilecek darboğazların belirlenmesi ve var olan terminallerin iyileştirme/ genişleme çalışmaları kapsamında alternatif stratejilerin oluşturulması gibi uygulamalar son derece kolaylaşmıştır.

Araştırma kapsamında limanların küresel tedarik zinciri içindeki yeri ve önemi tanımlanmış, konteyner terminallerinde gerçekleştirilen yük operasyonları belirlenmiş ve FlexSim CT benzetim programı kullanılarak modellenmiş olan Gemlik Borusan Limanı Konteyner Terminalinde gerçekleşen bir yük operasyonu değerlendirilmiştir.

4.2. Araştırmanın Problemi

Konteyner terminallerinde yük operasyonlarıyla ilgili olarak alınması gereken çok sayıda karar vardır. Alınması gereken kararların başlıcaları;

- Yük operasyonlarında kullanılacak ekipmanlar için optimal sayıların belirlenmesi,
- Ekipmanların operasyonlara atanması,
- Terminal içerisindeki trafik akışının belirlenmesi,
- Yükleme/boşaltma süreçlerinin programlanması,
- Saha istif planlamasının yapılması,
- Ekipmanların ve terminal sahasının verimli kullanılmasıdır.

Alınacak bu kararların sonuçlarını ve gidişatını öngörmek liman yöneticileri için bir problemdir. Bu araştırmada söz konusu problemin çözümünde benzetim yönteminin işlevselliği değerlendirilmiştir.

4.3. Araştırmanın Amacı

Araştırmanın temel amacı; konteyner terminalinde yük operasyonlarının verimliliğini ölçmek adına benzetim yönteminin kullanılabilirliğini değerlendirmektir. Bu çerçevede benzetim yöntemi, konteyner terminalinde gerçekleşecek olan bir yükleme-boşaltma operasyonuna ilişkin;

- lojistik süreçleri test etme,
- performans değerlerini ortaya çıkarma,
- olası darboğazları belirleme amaçlarıyla karar destek modeli olarak iş görmektedir.

Araştırmanın amacına ulaşmak için aşağıdaki işlemler yürütülmüştür;

Nitel araştırma işlemleri;

- Konteyner terminalinin tedarik zinciri yönetimindeki öneminin tespit edilmesi,
- Konteyner terminalindeki lojistik süreçlerin tanımlanması,
- Konteyner terminali performans ölçümünde kullanılan benzetim yöntemi hakkında literatür taramasının yapılması,
- Benzetim modeline ilişkin uygulama terminali verilerinin toparlanması

Nicel araştırma işlemleri;

- Benzetim modeli için verilerin benzetime hazır hale getirilmesi,
- Benzetim modelinin geliştirilmesi,
- Geçerlilik ve güvenilirlik analizlerinin yapılarak modelin doğrulanması.

4.4. Yöntem

Araştırma süreç ve kapsamının yansıtıldığı kavramsal model Şekil 47'de gösterildiği gibidir:

Şekil 47: Araştırmanın kavramsal modeli

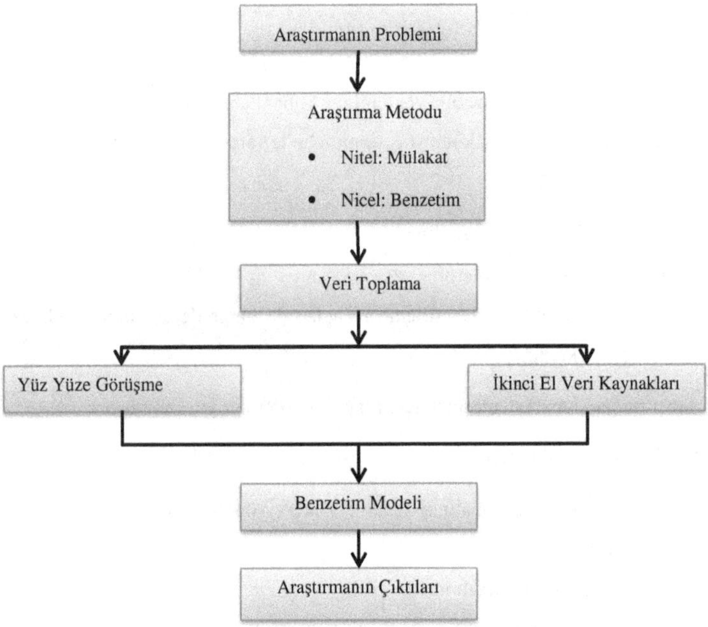

Araştırmada nitel araştırma tekniği olarak şirket yetkilileri mülakat (görüşme) yöntemi kullanılarak terminal süreçlerine ve operasyon detaylarına ilişkin veriler toplanmıştır. Nicel araştırma tekniği olarak yöneylem araştırması tekniklerinden birisi olan benzetim yöntemi kullanılmıştır.

4.5.Borusan Lojistik Gemlik Limanı Konteyner Terminali

Araştırmanın ana kütlesi olarak Borusan Lojistik Gemlik Limanı Konteyner Terminali belirlenmiştir. Gemlik, Bursa şehir merkezinin 32 km kuzeyinde, Marmara denizinin en sakin ve adını verdiği körfezi kıyısında kurulmuştur. 29° 9' 24" E boylamı ile 40° 25' 59" N enlemi üzerinde bulunmaktadır. İlçe yüzölçümü 413 km² olup, kuzeyde

Yalova'nın Armutlu ve Çınarcık, doğuda Orhangazi, güneydoğuda Yenişehir, güneyde Kestel, Gürsu ve Osmangazi ve batıda Mudanya'yla çevrilidir[83].

Gemlik körfezi genellikle sakin ve dalgasızdır. Doğudan batıya uzunluğu 35 km güneyden kuzeye en geniş yeri de 10-15 km olan körfez daima sakin olmasını sağlayan karşılıklı iki burundur (Tuzla ve Kapaklı burunları). Her iki sahilde birbirine cephe alan bu burunlar körfezi bir kıskaç içine almış gibidir. Körfez bu kıskaçlar arasında adeta bir havuza benzer. Körfez sularının sığ kısımları 1-10 m. derin kısımları ise 100-150 m arasındadır.

Gemlik'in denizcilik tarihi eskilere dayanmaktadır, ortaçağdaki adi Kius (Cius)'tur. Bursa civarında kurulan en eski kent olup, kuruluşu M.Ö.XII. yüzyılda Argonotlara kadar gitmektedir. Herodot'un ünlü Tarih'inde bölgeden söz edilen tek kent budur. Gemlik, 1333 yılında Kara Timurtaş Paşa'nın gayretiyle fetih edilmiştir. Gemlik sözcüğü, Gemilik, yani gemilerin yanaştığı ve gemi üretildiği bir yer anlamından gelmiştir. 1087 yılında Ebulkasım, Gemlik'i ele geçirip burada donanma yaptırdığı için bu adı aldığı söylenmektedir[84].

Şekil 48: Gemlik ilçesi

---

[83] Gemlik Belediyesi, Gemlik Tarihi ve Konumu, http://gemlik.bel.tr/Gemlik.aspx (04.09.2013)

[84] Gemlik Liman Başkanlığı, Gemlik Tarihi, http://www.gemlikliman.gov.tr/Sayfalar/frmBaskanligimiz.aspx (04.09.2013)

Asırlarca birçok ulusların gemilerine sığınak olan Gemlik Körfezi, günümüzde de Marmara Bölgesindeki hızlı sanayileşme ve ticaret hacminin ihtiyacı olan deniz yolu taşımacılığının önemli limanlarını içine alan, coğrafi konumu itibariyle Güney Marmara'nın deniz yolu taşımacılık ihtiyacına cevap verebilen bir sahada hizmet vermektedir.

Gemlik Körfezi güneydoğu Marmara da yer alan deniz etkilerine kısmen kapalı doğal bir liman konumundadır. Deniz ulaşımı ve limancılık açısından son derece elverişli bir konumda bulunması bölgede çok sayıda limanın konuşlanmasına neden olmuştur. Gemlik Körfezi limanlarının birinci hinterlandını Bursa, Bilecik ve Balıkesir illeri oluşturmaktadır. İkincil hinterlandın da ise Çanakkale, Kocaeli, Sakarya, Kütahya, Eskişehir ve Ankara illeri bulunmaktadır[85].

Şekil 49: Gemlik Körfezi limanlarının hinterlandı

---

[85] Ersel Zafer Oral, Soner Esmer, **"Bursa Gemlik Limanlarının Günümüzdeki ve Gelecekteki Rolleri"**, TMMOB Bursa 3. Kent Sempozyumu, http://www.soneresmer.com/downloads/puplications/e4.pdf, (05.09.2013)

Gemlik körfezinde yer alan limanların iş hacmi Türkiye toplamı içinde önemli bir yer tutmaktadır. Gemlik körfezinde 2012 yılında elleçlenen konteyner sayısı 686.245 TEU ile Türkiye toplam konteyner elleçlemesinin % 10'unu, Marmara Bölgesi toplam konteyner elleçlemesinin % 15'ini oluşturmaktadır. Aynı durum genel ve dökme yük açısından bakıldığında ise Gemlik körfezi limanları Türkiye toplam elleçlemesinin yaklaşık % 5'ini elleçlemektedir. Bölge toplam gemi trafiği açısından da yoğun bir bölgedir. Bölgeye bir yılda gelen gemi sayısı 3.000'in üzerindedir[86].

Gemlik körfezinde hali hazırda toplam 6 adet liman hizmet vermektedir, bu limanlara ilişkin temel veriler Tablo 18'de yer almaktadır. Tablo 17'de gösterilmeyen Gemlik Belediye iskelesi belediye tarafından işletilmekte olup deniz otobüsleri, servis motorları ve deniz uçağına hizmet vermektedir. BP İskelesi ve Marmara Kimya Sanayi'ne ait tesislerinde kendi taleplerine yük elleçleme hizmeti verilmektedir. Gemlik Gübre Sanayine ait liman ise ağırlıklı olarak kendi yüküne hizmet vermekte ancak talep edildiği takdirde üçüncü taraflara da hizmet vermektedir. İnşası devam eden konteyner terminalinin tamamlanmasıyla beraber Gemlik Gübre Limanında da konteyner terminali hizmeti verilecektir.

Tablo 17: Gemlik Körfezinde faaliyet gösteren limanların temel özellikleri87

Liman Adı	Elleçlenen Yükler	Rıhtım Uzunluğu (m)	Gemi Kabul Kapasitesi (gemi/yıl)	Su derinliği (-m)
Borusan	Konteyner-Genel-Araç	1338	1500	14,5
Roda	Konteyner-Genel-Dökme	1200	800	15
Gemport	Konteyner-Genel-Araç	1035	750	36
Gemlik Gübre	Konteyner-Genel-Sıvı	969	550	16
Bp İskelesi	Sıvı Yük	58,5	150	11
Marmara Kimya Sanayi	Sıvı Yük	0	15	10

[86] Deniz Ticareti Genel Müdürlüğü, 2012 İller Bazında Deniz Yolu Taşıma İstatistikleri, www.denizticareti.gov.tr, (04.10.2013), s.5-75.

[87]Gemlik Liman Başkanlığı, Gemlik Bölgesi Limanları, http://www.gemlikliman.gov.tr/Sayfalar/FrmLimanlarListe.aspx, (04.09.2013)

Şekil 50: Gemlik Körfezinde faaliyet gösteren limanlar

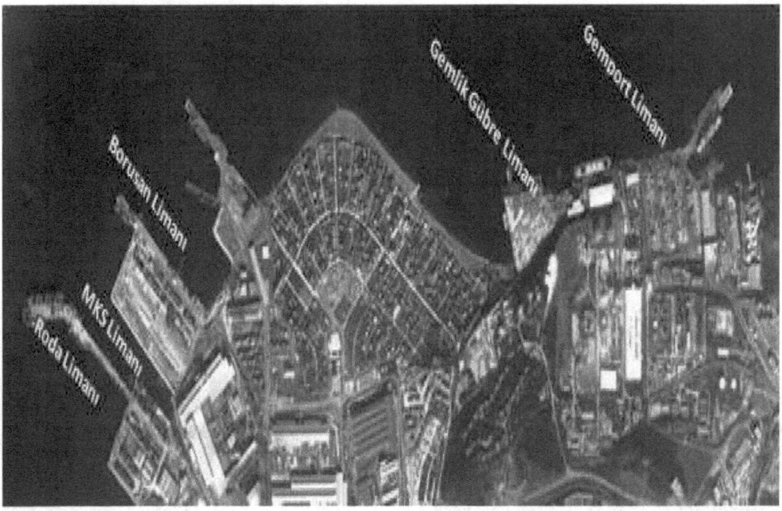

Gerek profesyonel liman hizmetleri vermesi, gerek bölgede önemli bir liman hizmet arzı oluşturması açısından bölgenin en önemli limanları Gemport, Borusan ve Rodaport limanlarıdır.

Tablo 18: Gemlik Bölgesinde elleçlenen konteynerin yıllık değişimi (TEU)

	2008	2009	2010	2011	2012
Gemport	336.287	214.056	269.276	462.987	317.062
Borusan	145.189	146.240	193.190	195.196	184.649
Roda	21.809	84.653	108.083	107.322	129.718
Gemlik Toplam	503.285	444.949	570.549	765.505	631.429
Türkiye Toplam	5.228.154	4.520.786	5.865.785	6.613.035	7.192.396

Tablo 18'de görüldüğü gibi araştırmamızın ana kütlesini oluşturan Borusan Lojistik Gemlik Limanı Konteyner Terminali elleçlenen konteyner sayısı bakımından Gemlik bölgesinde ikinci sırada bulunmaktadır. Bu terminali seçmemizin en önemli nedeni limanın dünyanın birçok modern limanında kullanılan köprülü vinç elleçleme sistemini ve gelişmiş bilişim sistemlerini kullanıyor olmasıdır.

1973 yılında kurulan Borusan Lojistik, 2000 yılından bu yana "entegre lojistik hizmet sağlayıcı" olarak Türkiye Lojistik Hizmetleri, Liman Hizmetleri, Uluslararası Taşımacılık Hizmetleri ve Yabancı Ülkeler Lojistik Hizmetleri olmak üzere dört stratejik alanda hizmet vermektedir.

Borusan Lojistik'in Türkiye Lojistik Hizmetleri kapsamında depolama, gümrükleme, yurtiçi taşıma, ağır taşımacılık, dağıtım araç stoklama ve sevk öncesi araç kontrol (PDI) hizmetleri sunmaktadır. Şirket, uluslararası taşımacılık alanında ise Chartering ve Multimodal Taşımacılığı, Uluslararası Konteyner Taşımacılığı Uluslararası Kara Taşımacılığı, Uluslararası Demiryolu Taşımacılığı ve Uluslararası Havayolu Taşımacılığı operasyonları gerçekleştirmektedir[88].

1984 yılından bu yana Borusan Lojistik bünyesinde faaliyet göstermekte olan Borusan Limanı, 2007 yılı itibari ile Borusan Lojistik'in dört stratejik iş alanından biri olarak konumlanmış ve bu tarihten itibaren ayrı bir iş birimi yapısı ile yönetilmeye başlanmıştır.

Şekil 51: Borusan Lojistik Gemlik Limanı

Konteyner, genel kargo, araç parkı hizmetleri ve proje kargo liman ve terminal hizmetlerini, 7 gün 24 saat kendi uzman kadrolarıyla dünya standartlarında sunan Borusan Limanı Bursa ili, Gemlik ilçesi, Gemsaz mevkiinde stratejik konumuyla, Güney

[88] Borusan Lojistik, http://www.borusanlojistik.com/Hakkimizda.aspx (04.09.2013)

Marmara, Ege ve İç Anadolu'dan gerçekleştirilen ihracat ve ithalat faaliyetlerinde önemli bir gümrük kapısıdır.

Borusan Limanı 2010 yılı itibariyle hayata geçen yeni yatırımı ile birlikte Borusan Limanı'nın en uzun rıhtımı 450 metre lineer uzunluğa, 14,5 metre derinliğe ulaşmış ve bu özelliğiyle Türkiye'de bir ilktir. Borusan Limanı 1.400 metrelik yanaşma yeri ve 280.000 m² gümrüklü ve 80.000 m² gümrüksüz olmak üzere toplam 360.000 m²'lik terminal sahası ile birlikte 5 milyon ton genel kargo, 400.000 TEU konteyner ve 250.000 araç elleçleme kapasitesine sahiptir.

Liman içindeki kapalı ve açık sahalarda verilen genel antrepo işletmeciliği ile bölgenin dış ticaret hacmine önemli katkı sağlamaktadır. Borusan Lojistik Gemlik Limanında tüm liman operasyonlarının planlanması, stok takip hizmetleri, entegre IT sistemleri ile gerçekleştirilmektedir. Gemlik limanı bünyesindeki marangozhane ile her yıl binlerce ağacı kesilmekten kurtarmaktadır. Gemilerden atık alım sistemi ile deniz kirliliğiyle etkin bir şekilde mücadele edilmektedir[89].

4.6. Veri Toplama

Benzetim modelinin oluşturulması için gerekli olan verilerin toplanması amacıyla gerçekleştirilen mülakat süreci aşağıdaki gibidir:

Tablo 19: Mülakat süreci

Yüz Yüze Görüşmeler	Tarih
Uygun DEĞİRMENCİ – Liman İşletme Müdür Yardımcısı	23.11.2012
Uygun DEĞİRMENCİ – Liman İşletme Müdür Yardımcısı	21.12.2012
Besim DÖNMEZ – Konteyner Operasyon Yöneticisi	13.02.2013
Nihan KESİCİ UÇAR – Süreç ve İş Geliştirme Uzmanı	13.02.2013
Besim DÖNMEZ – Konteyner Operasyon Yöneticisi	20.04.2013
Besim DÖNMEZ – Konteyner Operasyon Yöneticisi	27.08.2013
Okan ÖZTAN – Liman Operasyon	27.08.2013
Soner ESMER – Dokuz Eylül Üniversitesi Denizcilik Fakültesi	02.09.2013

4.7. Mülakat Bulguları

Bu bölümde gerçekleştirilen mülakatlar sonucu elde edilen, hem mevcut limana hem de limanın genişletme projesine dair bulgular derlenmiştir.

[89] Türkiye Liman İşletmecileri Derneği ve Dokuz Eylül Üniversitesi Soner Esmer ve Ersel Zafer Oral, Türk Limancılık Sektörü Raporu 2012, Atölye Ofset, 2012, s.124.

Tablo 20 Borusan Lojistik Gemlik Limanı Liman İşletme Müdür Yardımcısı Uygun Değirmenci ile gerçekleştirilen mülakat sonucu elde edilen mevcut rıhtım uzunluk, derinlik ve kullanım alanı bilgilerini içermektedir.

Tablo 20: Borusan Lojistik Gemlik Limanı rıhtım verileri

RIHTIM	UZUNLUK (m)	DERINLIK (m)	KULLANIM ALANI
1	254	11-15	Genel Kargo-Ro-Ro
2	204	11-14	Genel Kargo-Ro-Ro
3	165	9	Ro-Ro
4	165	7	Genel kargo
5	450	14,5	Konteyner
6	100	7-15	Genel Kargo

Kaynak: Borusan Lojistik Gemlik Limanı Liman İşletme Müdür Yardımcısı Uygun Değirmenci ile gerçekleştirilmiş olan mülakata istinaden düzenlenmiştir.

Tablo 21 Borusan Lojistik Gemlik Limanında hali hazırda var olan yük elleçleme ekipmanlarına dair kapasite, adet ve üretim tarihi bilgilerini içermektedir.

Tablo 21: Borusan Lojistik Gemlik Limanı Limanı yük elleçleme ekipmanları

EKİPMAN		KAPASİTE (Ton)	ADET	ÜRETİM TARİHİ
Rıhtım Vinci		56	2	2010
		60	1	2013
Gezer Vinçler (MHC) (Tekerlekli)		40	2	2005
		100	2	2000
		140	1	2008
Köprü Vinci (RTG)		40	5	2010
		40	3	2013
Reach Stacker		10	2	2008
		45	5	2000-2008
Forklift	Ağır	5-32	6	2000-2013
	Hafif	1-5	11	2005-2010
Terminal Traktor		25 – 120 Ton	20	2000-2012

Kaynak: Borusan Lojistik Gemlik Limanı Liman İşletme Müdür Yardımcısı Uygun Değirmenci ile gerçekleştirilmiş olan mülakata istinaden düzenlenmiştir.

Şekil 52'de geçtiğimiz son 5 yılda Borusan Lojistik Gemlik Limanında gerçekleştirilen konteyner operasyonları grafiği gösterilmektedir.

Şekil 52: Borusan Lojistik Gemlik Limanı Konteyner Terminali Konteyner elleçleme verileri (TEU)

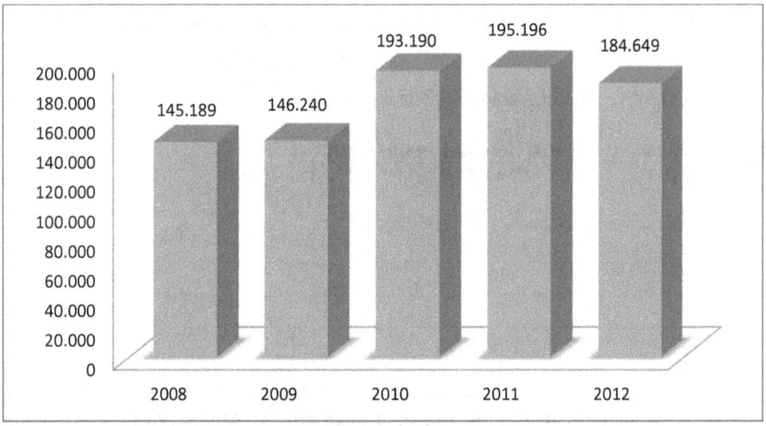

Kaynak: Borusan Lojistik Gemlik Limanı Konteyner Operasyon Yöneticisi Besim Dönmez ile gerçekleştirilmiş olan mülakata istinaden düzenlenmiştir.

Şekil 53: Borusan Lojistik Gemlik Limanı Genişleme Projesi yatırımları sonrası

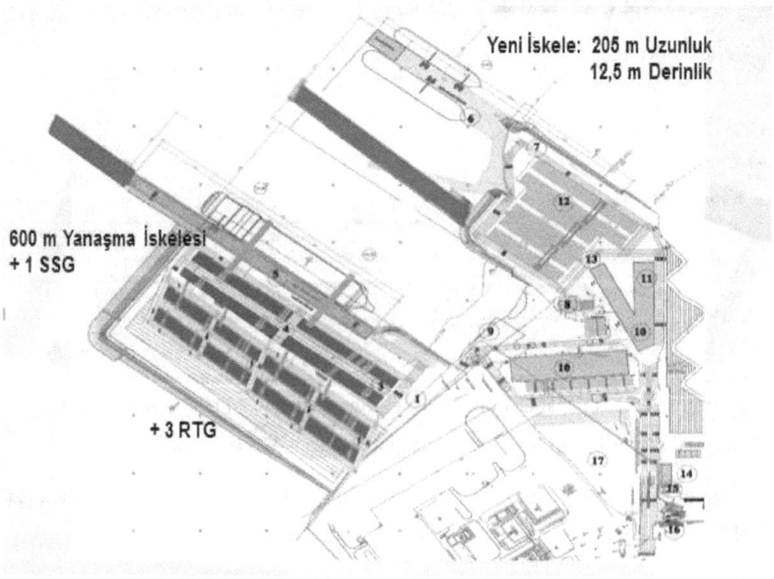

Mevcut kapasitesi 400.000 TEU olan Borusan Lojistik Gemlik Limanı Konteyner Terminali; gelecek 5 yıl içinde 5 numaralı rıhtıma 165 m ilave rıhtım, konteyner terminali sahası arkasına ve genel kargo terminali ile konteyner terminali arasına toplam 30.000 m2 dolgu yatırımı, 1 ilave SSG, 5 ilave RTG ve 10 tane çekici yardımı ile liman kapasitesinin 600.000 TEU kapasiteye ulaşması planlanıyor. Yine bu süre içinde 1984 yılında yapılan ve şuanda çok amaçlı terminal olarak kullanılan terminalin genel kargo iskelesinin yenilenme yatırımını tamamlayarak 5 milyon ton genel kargo elleçleme kapasitesine ulaşılması hedeflenmektedir (Şekil 53)90.

4.8. Benzetim Modeli

Borusan Lojistik Gemlik Limanı Konteyner Terminalinin modellenmesi için Flexsim CT benzetim programından yararlanılmıştır. Borusan Lojistik Gemlik Limanı Konteyner Terminali yerleşim planı Şekil 54'de gösterilmektedir.

Şekil 54: Borusan Lojistik Gemlik Limanı Konteyner Terminali yerleşim planı

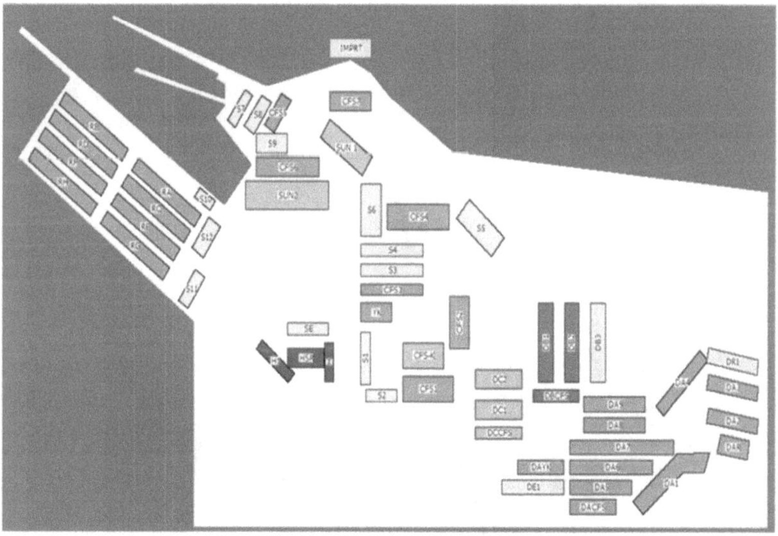

Dünyada ve Türkiye'deki limanlarda çoğunlukla konteyner terminallerinde köprülü vinç sistemi kullanılmaktadır. Bu kapsamda seçmiş olduğumuz Borusan Lojistik

---

[90]Uygun Değirmenci, Borusan Lojistik Gemlik Liman İşletme Müdür Yardımcısı, 30.09.2013

Gemlik Limanı Konteyner Terminalinde de aynı sistem kullanılmakta olup, modelde ekipmanlar için aşağıdaki gibi kısaltmalar kullanılacaktır:

- SSG-Ship to Shore Gantry- Köprülü Rıhtım Vinci
- RTG-Rubber Tyred Gantry- Köprülü Saha Vinci
- YTT-Yard Terminal Tractor- Terminal Traktör (Çekici)
- RS-Reach Stacker- Konteyner Elleçleme Makinası

Modelleme sürecinde ilk olarak gerçek uzunluk ve açılara göre rıhtımlar oluşturulmuştur. Konteyner terminali olarak kullanılmakta olan alana öncelikle SSG'ler yerleştirilmiş ardından konteyner stok sahası yerleştirilmiş, her bir stok alanı için kullanılacak RTG'ler yerleştirilmiş, çekiciler ve çekicilerin kullanacağı yollar yapılarak konteyner terminalinin benzetim programına aktarılması sağlanmıştır.

Şekil 55: Oluşturulan model üzerinde Borusan Gemlik Limanı rıhtımları ve depolama alanları

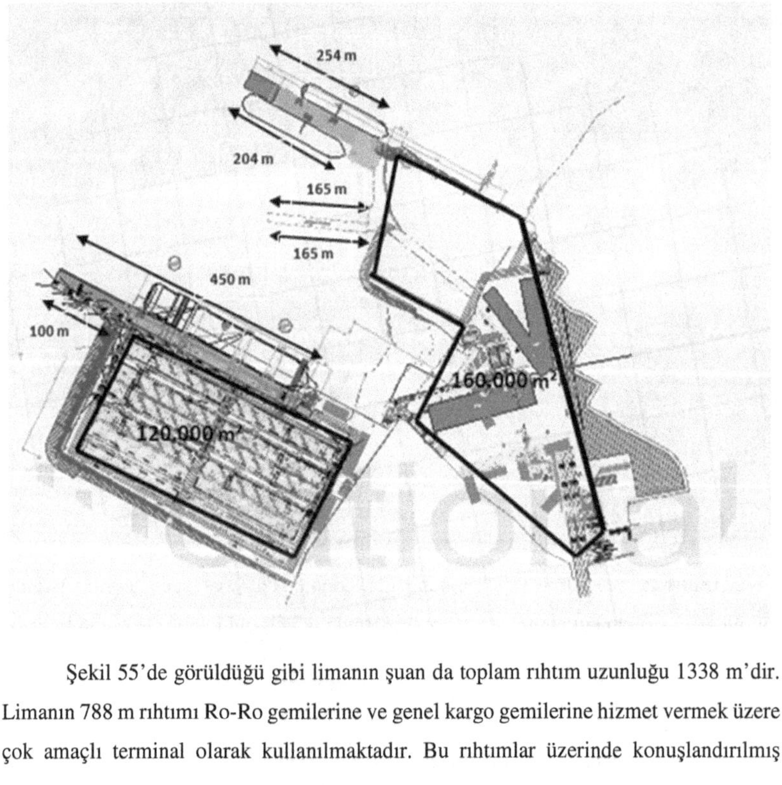

Şekil 55'de görüldüğü gibi limanın şuan da toplam rıhtım uzunluğu 1338 m'dir. Limanın 788 m rıhtımı Ro-Ro gemilerine ve genel kargo gemilerine hizmet vermek üzere çok amaçlı terminal olarak kullanılmaktadır. Bu rıhtımlar üzerinde konuşlandırılmış hareketli liman vinçleri (MHC) bulunmaktadır. Limanın 450 m lineer rıhtıma, 14,5 m derinliğe sahip olan kısmı konteyner terminali olarak kullanılmakta olup 3 adet SSG konteyner operasyonlarını gerçekleştirmek üzere konuşlandırılmıştır.

Modelde rıhtımın oluşturulmasını ve vinçlerin yerleştirilmesini takiben konteyner blokları yerleştirilmiştir. Rıhtım vinçleri arkasında bulunan 120.000 m²'lik depolama sahasına 11 adet istif bloğu, 160.000 m²'lik depolama sahasına 45 adet istif bloğu yerleştirilmiştir. Bu bloklar ithalat, ihracat, tehlikeli yükler (IMCO), hasarlı, boş, soğutmalı (reefer), transit ve standart olmayan şeklinde gruplandırılmış olup modelde kullanılan blok özellikleri Tablo 22'de gösterilmiştir.

Tablo 22: Konteyner istif sahası özellikleri

Blok Adı	Yük Türü	Bay	Sıra	Kat	GT*	TEU
RA	İthal-İhraç-Transit	28	7	5	196	980
RB	İthal-İhraç-Transit	28	7	5	196	980
RC	İthal-İhraç-Transit	10	7	5	70	350
RD	İthal-İhraç-Transit	28	7	5	196	980
RE	İthal-İhraç-Transit	28	7	5	196	980
RF	İthal-İhraç-Transit	18	7	5	126	630
RG	Boş	28	7	5	196	980
RH	Boş	28	7	5	196	980
RF-IMCO SAHASI	İthal-İhraç-Transit	8	6	3	48	144
RC-REEFER SAHASI	İthal-İhraç-Transit	16	7	4	112	448
S1	Boş	9	7	5	63	315
S2	Boş	9	7	5	63	315
S3	Boş	15	4	5	60	300
S4	Boş	13	8	5	104	520
S5	Boş	10	13	5	130	650
S10	Boş	12	8	5	96	480
S11	Boş	6	3	5	18	90
S12	Boş	6	3	5	18	90
TOPLAM TEORİK KAPASİTE					2084	10212
PRATİK KAPASİTE (4 KATA GÖRE)						8169,6

Kaynak: Borusan Lojistik Gemlik Limanı Konteyner Operasyon Yöneticisi Besim Dönmez ile gerçekleştirilmiş olan mülakata istinaden düzenlenmiştir.

* GT: 1 Gross Ton = 1 016.04691 Kilogram

Şekil 56: Konteyner istif bloğu özellikleri

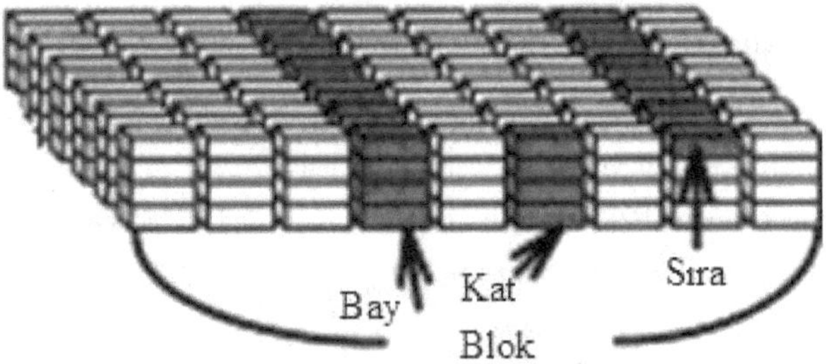

Bir istif bloğu

Şekil 56'da görüldüğü gibi bay, kat (row) ve sıradan (tier) oluşmaktadır.

Şekil 57: Modelin istif sahasının bir görüntüsü

Özellikleri Tablo 22'de verildiği gibi sahada 8 RTG'nin çalıştığı 8 blok bulunmaktadır. RTG'ler tahsis edildikleri bloklarda çalışmakta olup aynı hat üzerinde bulunan RTG diğer bloğa destek verebilmektedir. RTG'ler 7 yan yana 5 üst üste olmak üzere 35 TEU istif yapabilmektedir. 8 blok dışında kalan bloklarda istifleme RS'ler ile yapılmaktadır. Tablo 23 blokların özelliklerini ayrıntısı ile içermektedir. RA bloğunda RTG 1, RB bloğunda RTG 2, RC bloğunda RTG 3, RD bloğunda RTG 4, RE bloğunda RTG 5, RF bloğunda RTG 6, RG bloğunda RTG 7, RH bloğunda RTG 8 çalışmaktadır.

Apron ile konteyner depolama sahası arasındaki iç taşımaları YTT'ler ile yapılacak olup, her bir SSG'ye 5 YTT atanmaktadır. Her bir SSG için atanan YTT'ler ayrı bir grup oluşturmaktadır. Bu şekilde oluşturulan 2 YTT grubu ayrı ayrı değerlendirilmektedir. YTT'lerin saha içindeki hızları 20 km/s olarak sınırlandırılmaktadır.

Rıhtım ve blokların oluşturulmasından sonra YTT'lerin takip edeceği yollar düzenlenmiştir. Yolların düzenlenmesinde limanın kullandığı saat yönüne doğru tek yön olmasına ve böylece çekicilerin dairesel döngü oluşturmasına dikkat edilmiştir. Modele yerleştirilen tüm objelerin aralarındaki mesafeler liman verilerine uygun olarak düzenlenmiştir.

Limanda yükleme boşaltma yapılan konteynerler model kapsamında farklı renkler kullanılarak temsil edilmiştir. Konteynerler; ithal, ihraç, transit ve boş olarak sınıflandırılması yanında boyutlarına göre 20'lik, 40'lık ve 45''lik olarak sınıflandırılmaktadır. Yapılan çalışmada konteyner türlerinin operasyon üzerinde herhangı bir etkisi bulunmamakla beraber hareket sayısı önemli olmaktadır. Konteynerlerin türlerine göre renklendirilmesi animasyonda doğru bloklara taşınıp taşınmadıklarını görsel olarak takip etmeye olanak sağlamaktadır.

Tablo 23: Modelde temsil edilen konteyner türleri

Rengi	Operasyon Türü	Konteyner Kapasitesi
■	İthal 1	20
■	İhraç 1	20
■	Boş 1	20
	İthal 2	40
■	İthal 3	45
■	İhraç 2	40
■	İhraç 3	45
■	Boş 2	40

Alınan verilere göre Borusan Lojistik Gemlik Limanı Konteyner Terminali benzetim modeli Flexsim CT 3 programı ile yapılmıştır (

Şekil 58).

Şekil 58: Borusan Lojistik Gemlik Limanı benzetim modelinden bir görüntü

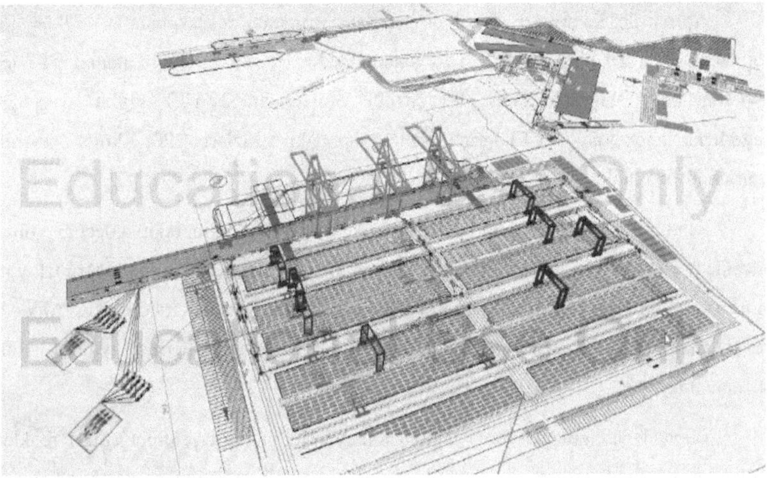

Benzetim modeli geçerlilik analizi için, Borusan Lojistik Gemlik Limanı Konteyner Terminalinde 30 Haziran 2013 tarihinde saat 12:40'da gerçekleşmiş olan M/V ITAL ORDINE gemisinin operasyonu esas alınarak çalıştırılmıştır. Operasyonda konteynerlerin geminin dört ambarında olduğu ve konteynerlerin RA, RB, RC, RD, RE, RF, RG, RH bloklarında istiflendiği varsayılmıştır. Gemiden toplam 841 adet konteyner tahliyesi ve yüklemesi gerçekleştirilmiştir. Konteynerlerin gemi ambarlarına eşit olarak dağıtıldığı varsayılmıştır. Gemi ambarlarında bulunan konteynerlere ilişkin bilgiler Tablo 24'de verilmektedir.

Tablo 24: M/V Ital Ordine ambarları konteyner dağılımı ve operasyon bilgileri

Ambar No: 1			Ambar No: 2		
Operasyon	**Konteyner Türü**	**Adet**	**Operasyon**	**Konteyner Türü**	**Adet**
Tahliye	Boş 1	35	Tahliye	Boş 2	36
Tahliye	Boş 2	36	Tahliye	Boş 1	35
Tahliye	İthal 1	17	Tahliye	İthal 3	17
Tahliye	İthal 2	17	Tahliye	İthal 1	17
Tahliye	İthal 3	17	Tahliye	İthal 2	17

Yükleme	Boş 1	1	Yükleme	Boş 2	1
Yükleme	Boş 2	2	Yükleme	Boş 1	2
Yükleme	İhraç 1	28	Yükleme	İhraç 2	28
Yükleme	İhraç 2	29	Yükleme	İhraç 3	28
Yükleme	İhraç 3	28	Yükleme	İhraç 1	29
	Ambar No: 3			**Ambar No: 4**	
Operasyon	**Konteyner Türü**	**Adet**	**Operasyon**	**Konteyner Türü**	**Adet**
Tahliye	Boş 1	36	Tahliye	Boş 2	36
Tahliye	Boş 2	35	Tahliye	Boş 1	36
Tahliye	İthal 1	17	Tahliye	İthal 3	17
Tahliye	İthal 2	17	Tahliye	İthal 2	17
Tahliye	İthal 3	17	Tahliye	İthal 1	16
Yükleme	Boş 1	1	Yükleme	Boş 2	2
Yükleme	Boş 2	2	Yükleme	Boş 1	2
Yükleme	İhraç 1	28	Yükleme	İhraç 2	28
Yükleme	İhraç 2	29	Yükleme	İhraç 3	28
Yükleme	İhraç 3	28	Yükleme	İhraç 1	29

M/V Ital Ordine gemisi operasyonunda 2 SSG kullanılmıştır. Tablo 24'te belirtilen ambarlardan 1 ve 2 numaralı ambara SSG 1, 3 ve 4 numaralı ambarlara SSG 2 atanmıştır. Geminin rıhtıma yanaşır yanaşmaz operasyona başlaması herkes tarafından istenen bir durumdur. Ancak SSG'nin belirli bir hazırlık süresi (Setup Time) olmasından dolayı bu mümkün değildir. Liman yetkilileri SSG'nin hazırlık süresini 10 dakika olarak vermiştir. Bu durumda gemi rıhtıma yanaştıktan 10 dakika sonra operasyona başlamaktadır.

Konteyner terminallerinde operasyona genellikle tahliye operasyonundan başlanmakta olup, tahliye operasyonu yükün gemiden SSG ile alınarak YTT vasıtasıyla terminal sahasına taşınması ve RTG'ler ile depolanmasını kapsayan süreçtir. Modelin tahliye akış şeması Şekil 58'de gösterilmektedir.

Şekil 59: Modelin tahliye akış şeması

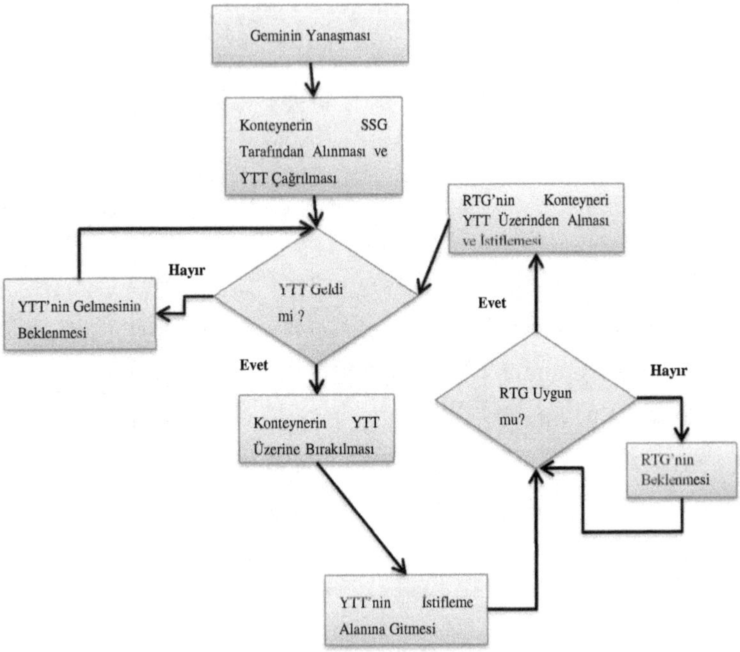

Gemiden konteynerlerin tahliye edilmesinden sonra gemiye yüklenecek konteynerler sahadan RTG'ler ile alınarak YTT'ler üzerine bırakılır, YTT'ler konteynerleri rıhtımda bulunan SSG'lerin altına taşır ve SSG'ler ile konteynerler gemiye yüklenir. Modelin yükleme akış şeması Şekil 60'da gösterilmektedir.

Şekil 60: Modelin yükleme akış şeması

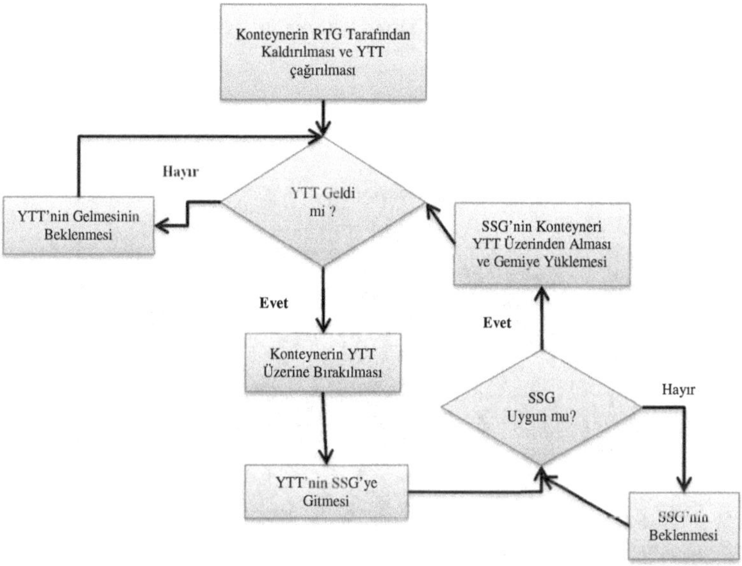

Şekil 61: Oluşturulan model üzerinde gemi varışı

Gerçekte terminalde olduğu gibi benzetim modelinde de emniyet ve operasyon düzeninin sağlanması, kaza riskinin azaltılması, operasyon hızının arttırılması gibi nedenlerle terminal sahasında hareket eden YTT'ler için belirli bir trafik düzeni sağlanmıştır. Model üzerinde YTT'lerin hiçbir noktada karşı karşıya gelmemeleri sağlanmıştır. Bu nedenle belirli bir çevrime giren YTT'nin yükünü bıraktıktan sonra geri dönmesi, kısa yolu tercih etmesi gibi bir durum söz konusu değildir. YTT girdiği çevrimi tamamlamak zorundadır.

Şekil 62: Oluşturulan model üzerinde köprü vinci operasyonu

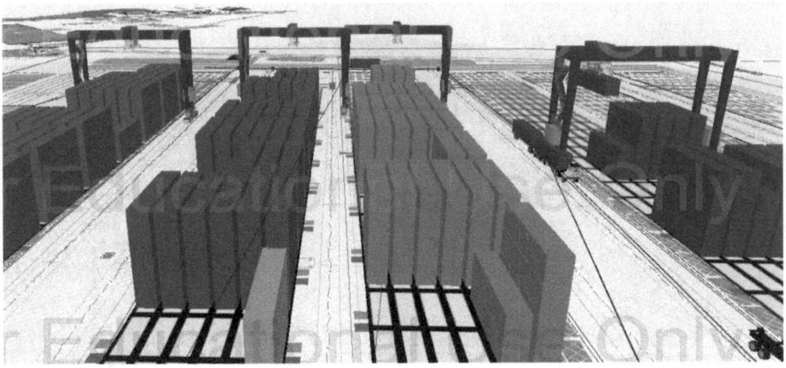

YTT'ler SSG'nin altına geldiğinde önünde başka bir YTT var ise sıraya girmekte, benzer durum RTG önünde de yaşanmaktadır. Bu noktada ilk gelen YTT, ilk işlem gören YTT olmaktadır (First In First Out). Tüm bu senaryo göz önünde bulundurularak model çalıştırılmış ve operasyona ilişkin çıktılar elde edilmiştir.

Şekil 63: Modelde SSG altında konteyner almak için sıraya giren YTT'lerin bir görüntüsü

4.10. Benzetim Modeli Çıktıları

Benzetim modeli çıktılarının değerlendirilmesi yoluyla sistem üzerinde iyileştirmeler yapılabilmektedir. Bu çalışmada yukarıda detayları verilen Borusan Lojistik Gemlik Limanı Konteyner Terminalinde 30/08/13 tarihinde gerçekleşmiş olan M/V ITAL ORDINE gemisinin operasyonu esas alınarak benzetim senaryosu oluşturulmuştur. Toplam 841 hareketin yapıldığı bu gerçek operasyon 30/08/2013 tarihinde saat 12:40'da başlamış, 31/08/2013 tarihinde saat 01:40'da tamamlanmıştır. Operasyon toplam 13 saat sürmüştür. Limanın konteyner terminalinin benzetim modelinde yukarıda detayları verilen bu senaryo modellenmiş ve toplam 13 saat 12 dakika da tamamlanmıştır. M/V ITAL ORDINE gemisinin 4 ambarında gerçekleştirilen yükleme/boşaltma operasyonları Şekil 64'de görülmektedir.

Şekil 64: M/V ITAL ORDINE Yükleme / Boşaltma Verileri

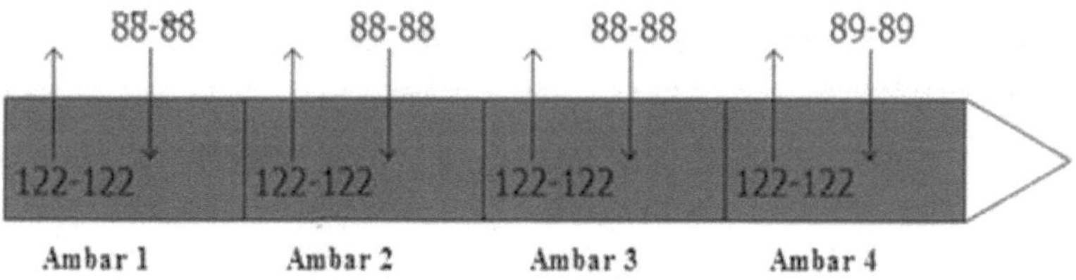

Rıhtım ve rıhtımda kullanılan ekipmanlar limanın en önemli kaynakları olarak değerlendirilmektedir. Modelleme sonucunda rıhtıma ve rıhtımda çalışan rıhtım vinçlerine (SSG) ilişkin istatistikler ayrı ayrı tutulabilir. Rıhtıma ilişkin istatistikler; ortalama demirde bekleyen gemi sayısı, en az bekleyen gemi sayısı, en fazla bekleyen gemi sayısı, ortalama gemi bekleme zamanı, bekleme zamanı varyansı, ortalama rıhtım yoğunluğu, rıhtım yoğunluğunun yüzdesi gibi elde edilebilmektedir.

Şekil 65: Model üzerinde SSG operasyonundan bir görüntü

Bizim senaryomuz haftada bir geminin gelmesi üzerine kurulduğu için gemi kuyruğu oluşmamıştır. Bu nedenle bekleyen gemi sayı ve zamanlarına ilişkin bir veri elde edilmemiştir. Ancak gelen gemi trafik yoğunluğu arttırılarak bu istatistiklere model üzerinde ulaşılabilir. Bu senaryoda rıhtımın % 49,3'ü gemi tarafından işgal edilmiştir. Rıhtım vinçlerine (SSG) ilişkin istatistikler Tablo 26'da verilmektedir.

Tablo 25: Köprülü rıhtım vinçleri performans değerleri

	Ekipman Çalışma (%)*	Ekipmanın Çekici Bekleme (%)**	Çıktı (Konteyner Adet)***	Saatlik Brüt Hareket (Adet)****	Saatlik Net Hareket (Adet)*****
SSG 1	93,0	0,3	420	29,4	31,6
SSG 2	94,7	0,4	421	29,5	31,1
SSG 3	0	0	0	0	0

SSG 1 rıhtım vinci gemi rıhtımda iken 420 adet konteyner tahliye ve yüklemesi operasyonunu gerçekleştirmiş olup; çalışma yüzdesi % 93 ve saatlik brüt hareket sayısı 29,4 adet ve saatlik net hareket sayısı 31,6 adet olarak hesaplanmıştır. SSG 2 rıhtım vinci ise 421 konteyner tahliye ve yüklemesi operasyonunu gerçekleştirmiş olup; % 94,7 yoğunlukta çalışmış ve saatlik brüt hareket sayısı 29,5 adet ve saatlik net hareket sayısı 31,1 olarak hesaplanmıştır. Bu operasyonda SSG 3 rıhtım vinci kullanılmamıştır.

* Toplam Zaman - (Boşta Kalma Süresi + Planlı Kesintiler + Arıza Süresi)

** (Boşta Kalma Süresi/Çalışılan Zaman)*100

*** Toplam hareket sayısı

**** Toplam hareket sayısı / Toplam zaman

***** Toplam hareket sayısı / Çalışılan zaman

Modelde sahada kullanılan ekipmanlar göz önüne alındığında bu ekipmanlara ilişkin istatistiklere ulaşılmaktadır. Modelde ithalat, ihracat, transit ve boş konteynerlerin istif yapıldığı 8 blok için 8 RTG kullanılmıştır. Bu ekipmanlara ilişkin olarak, ortalama oluşan kuyruk, ortalama ekipman bekleme zamanları, bekleme zamanlarının varyansı, ekipman meşgul olma oranı, saatlik brüt hareket sayısı, saatlik net hareket sayısı gibi verilere ulaşabilmek mümkündür.

Modelde istif bloklarına atanan RTG'ler, atama yapılma sırasında belirli kurallar ile modellenmiştir. Bu modelde kullanılmamış olsa da bir blokta 2 (veya daha fazla) RTG çalıştırılması durumunda bu RTG'lerin birbirlerinin çalışma düzenlerini etkilememeleri, birbirlerine belirli bir güvenlik mesafesinden daha fazla yaklaşamamaları, blokun belirli alanlarında hizmet vermeleri gibi konuların düzenlenmesi gereklidir.

Şekil 66: Modelde RTG operasyonundan bir görüntü

Operasyonun tamamlanmasında çalışan 8 RTG'nin etkililik değerleriTablo 26'da görülmektedir.

Tablo 26: Köprülü saha vinçleri performans değerleri

Ortalama Oluşan Kuyruk (Adet)	Ortalama Bekleme Zamanı (Dakika)	Bekleme Zamanının Varyansı (Dakika)	Ekipman Meşgul Olma (%)*	Çıktı (Kontey	Saatlik Brüt	Saatlik Net

* Toplam Zaman - (Boşta Kalma Süresi + Planlı Kesintiler + Arıza Süresi)

					ner Adet)[**]	Hareket (Adet)[***]	Hareket (Adet)[****]
RTG 1	0,01	0,07	0,03	28,74	148	10,4	36,0
RTG 2	0,00	0,01	0,00	6,32	33	2,3	36,5
RTG 3	0,09	0,48	0,94	27,75	148	10,4	37,3
RTG 4	0,21	4,02	6,83	4,72	34	2,4	50,4
RTG 5	0,06	0,30	1,15	33,54	160	11,2	33,4
RTG 6	0,00	0,02	0,00	4,14	20	1,4	33,8
RTG 7	0,00	0,01	0,00	32,13	148	10,4	32,2
RTG 8	0,04	0,20	0,16	31,58	150	10,5	33,2

Tablo 26'da gösterilen RTG 1; RA bloğuna, RTG 2; RB bloğuna, RTG 3; RC bloğuna, RTG 4; RD bloğuna, RTG 5; RE bloğuna, RTG 6; RF bloğuna, RTG 7; RG bloğuna, RTG 8; RH bloğuna atanan RTG'leri ifade etmektedir. En fazla meşgul saha vinci birinci sırada % 33,54 çalışma yoğunluğu ile RTG 5, ikinci sırada % 32, 13 çalışma yoğunluğu ile RTG 7 ve üçüncü sırada 31,58 çalışma yoğunluğu ile RTG 8'dir. En az çalışma yoğunluğuna sahip üç köprülü vinç sırası ile % 4,14 çalışma yoğunluğu ile RTG 6, % 4,72 çalışma yoğunluğu ile RTG 4 ve % 6,32 çalışma yoğunluğu ile RTG 2'dir.

Şekil 67: Modelde saha ve istif bloklarının bir görüntüsü

Sahaya ilişkin istatistikler hem sahanın toplamı hem de her bir istif bloğu için ayrı ayrı görülebilmektedir. Sahaya ilişkin olarak ortalama saha doluluğu, sahadaki en düşük doluluk miktarı, sahadaki en fazla doluluk miktarı, ortalama konteynerin sahada kalma süresi (dwell time) ve konteynerin sahada kalma süresinin varyansı gibi veriler elde

** İstiflenen ve istiften alınan toplam konteyner sayısı

*** Toplam hareket sayısı / Toplam zaman

**** Toplam hareket sayısı / Çalışılan zaman

edilebilmektedir. Bu veriler Tablo 27'de görüldüğü gibi her bir istif bloğuna göre ayrı ayrı incelenebilmektedir.

Tablo 27: Sahaya ve istif bloklarına ilişkin çıktılar

	Ortalama Saha Doluluğu (Konteyner)	En Düşük Doluluk (Konteyner)	En Fazla Doluluk (Konteyner)	Ortalama Sahada Kalma Süresi (Gün)	Sahada Kalma Süresinin Varyansı (Gün)
RA	117	49	166	3,06	8,84
RB	2	0	33	0,00	0,00
RC	114	50	168	2,96	7,82
RD	3	0	34	0,03	0,00
RE	120	60	163	2,62	5,78
RF	2	0	20	0,05	0,00
RG	97	25	153	3,01	21,48
RH	104	24	155	1,79	6,51

Tablo 28'de gemiden tahliye edilen ve yüklenen ithal, ihraç, boş konteyner türlerine ilişkin veriler ayrı ayrı incelenebilmektedir.

Tablo 28: Konteyner türlerine göre sahaya ilişkin çıktılar

	Ortalama Saha Doluluğu (Konteyner)	En Düşük Doluluk (Konteyner)	En Fazla Doluluk (Konteyner)	Ortalama Sahada Kalma Süresi (Gün)	Sahada Kalma Süresinin Varyansı (Gün)
Toplam Saha	580	444	712	2,80	8,28
İthal 1	29	7	69	4,33	15,23
İthal 2	37	9	71	0,85	4,54
İthal 3	38	8	71	1,01	6,21
İhraç 1	88	13	127	3,01	8,62
İhraç 2	89	16	125	3,12	7,73
İhraç 3	88	10	122	2,70	5,62
Boş 1	97	25	153	3,01	21,49
Boş 2	104	24	155	1,79	6,51

420 adet konteyner elleçleyen SSG 1 vincinin çekici bekleme yüzdesi % 0,3 olarak gerçekleşmiş olup; ekipmanın çalışma yüzdesi % 93'tür. 421 adet konteyner elleçleyen SSG 2 vincinin çekici bekleme yüzdesi % 0,4 olarak gerçekleşmiş olup; ekipmanın çalışma yüzdesi % 94,7 olarak gerçekleşmiştir. SSG 1'in operasyonunu tamamlamasından sonra SSG 2 bir müddet daha çalışmaktadır.

Konteyner istifleme sahasında bulunan 8 adet istif bloğunda 8 adet RTG hizmet vermektedir. Bu operasyonda 8 RTG'de kullanılmıştır. Ekipmanların meşgul olma yüzdelerine göre en yoğun olarak kullanılan RTG 5; 0,30 dakika bekleme zamanı ile 160 adet konteyner elleçlemiştir. RTG 7; hiç bekleme zamanı olmadan 148 adet konteyner elleçlemiştir. RTG 8; 0,16 dakika bekleme zamanı ile 150 adet konteyner elleçlemiştir.

Saha istatistiklerine göre ortalama saha doluluğu geminin kaldığı süre boyunca 580 konteyner olarak gerçekleşmiş, en düşük konteyner sayısı 444 olurken bu rakam en fazla 712 konteyner olmuştur. Haftalık istatistiklere bakıldığında ise yine tüm saha göz önüne alındığında sahada ortalama bir konteyner 2,8 gün kalmıştır. Bu verinin varyansı 8,28 gün olarak hesaplanmıştır.

SONUÇ

Denizyolu taşımacılığı basit anlamıyla, insanların ve malların denizde hareket eden araçlar vasıtasıyla limanlar veya terminaller arasında taşınması olarak tanımlanabilir. Deniz taşımacılığı; özellikle sanayi hammaddesini oluşturan çok büyük miktarlardaki yüklerin bir defada bir yerden diğer bir yere taşınması imkanını sağlaması, güvenilir olması, sınır aşımı olmaması, mal zaiyatının minimum düzeyde olması, diğer kayıpların hemen hemen hiç olmaması, hava yoluna göre 14, karayoluna göre 7, demiryoluna göre 3,5 kat daha ucuz olmasından dolayı dünyada en çok tercih edilen ulaşım şeklidir.

Dünya ticaretinin ithal ve ihraç yüklerinin %90'dan fazla bölümü deniz yoluyla taşınmakta olup dünyada, deniz yoluyla gerçekleştirilen uluslararası ticaret hacmi, her geçen gün süratle artmaktadır.

Küresel lojistikte en yoğun kullanılan taşıma sistemin deniz yolu olması limanları da en önemli ulaştırma altyapısı haline getirmektedir. Dolayısıyla küresel tedarik zincirlerinin performansları büyük oranda içinde barındırdıkları limanların performanslarına dayalıdır. Bir başka deyişle liman performansını olumsuz etkileyecek herhangi bir durum tetikleyici etki yaratarak tedarik zincirindeki diğer bütün aşamalarda aksaklığa neden olacaktır.

Buna bağlı olarak özellikle son 30 yılda limanların dünya ticaretindeki rolü farklılaşmış ve geleneksel kimliklerinden sıyrılmaları gereksinimi ortaya çıkmıştır. Limanların yeni kazanmış olduğu kimlik; yüke ve gemiye yönelik her türlü katma değer hizmeti verebilen, her türlü lojistik hizmeti sağlayabilen veya lojistik hizmet sağlayıcılarıyla ortaklık ilişkilerine sahip olan, intermodal bağlantılarla kapıdan kapıya taşımacılığa imkan sağlayabilen, performans ölçümüne/geliştirmeye önem veren ve insan kaynaklı problemlerin önüne geçebilmek adına lojistik süreçleri mümkün ölçüde bilgisayarlaştıran yapıdadır. Yani, küresel tedarik zincirlerinin ihtiyacı doğrultusunda limanların sağladığı hizmetler genişlemekte, teknolojik alanda yaşanan yeniliklerle birlikte de sağlanan hizmetlerin verimliliği ve dolayısıyla hızında kayda değer gelişmeler yaşanmaktadır. Yeni anlayışa göre limanlar tedarik zinciri içerisinde dolanım halinde olan mamul veya ham maddelerin hızlı ve kesintisiz bir şekilde akışını sağlayabildikleri ölçüde başarılıdır.

Limancılık sektöründe gelişmelerin en yoğun ve hızlı yaşandığı alan bu çalışmaya da konu olan konteyner terminalleridir. Dünya limanları toplamında yıllık elleçlenen konteyner miktarı yarım milyar TEU'yu geçerken konteyner taşımacılığı bileşenlerinin çehresi de buna göre şekillenmektedir. Artmakta olan ticaret hacmi daha büyük gemi siparişlerini beraberinde getirmekte, büyüyen gemi ebatlarıysa konteyner terminallerine yönelik yeni ihtiyaçları ortaya çıkarmaktadır. Günümüzde bu ihtiyaçları karşılamak adına, Borusan Lojistik Gemlik Limanı'nda da olduğu gibi, birçok konteyner terminali genişleme ve geliştirme projeleri yürütmektedir.

Limancılık sektöründe yaşanan tüm bu gelişmeler sonucu gelinen noktada performans ölçümünün önemi artmış, hatta rekabet edebilen verimli işletmeler olabilme yolunda performans ölçümü limanlar için zaruri bir hal almıştır. Dünyada bütün limanların birbirinden farklı yapıda oluşu, liman performansı ölçümünün ve analizinin çoğu zaman karmaşıklığı, alınan kararlara destek olacak bir mekanizmaya duyulan gereksinim gibi nedenlerle limanlarda bir performans ölçüm aracına ihtiyaç olduğu açıktır. Bu noktada bir karar destek sistemi olan benzetim yöntemi, liman performansının ölçülmesinde işlevsel bir rol alabilmektedir.

Çalışma kapsamında liman yönetiminde benzetim kullanımına dair akademik çalışmaların derlendiği bir literatür incelemesi gerçekleştirilmiş ve bilgi teknolojilerindeki gelişmelere paralel olarak bu konudaki akademik çalışmalarda hızlı bir artış yaşandığı dikkat çekmiştir. Gerçekleştirilen bu incelemede de ortaya çıktığı gibi liman yönetiminde benzetim yönteminin tek kullanım alanı performans ölçümü değildir. Bu yöntem aynı zamanda liman tasarımı, liman planlaması, rıhtım atama/planlama, diğer taşıma sistemleri ile olan bağlantılar, darboğaz belirleme ve senaryo oluşturarak sistem davranışını anlama amaçlarıyla da kullanılmaktadır. Benzetim yönteminin sahip olduğu bu çok yönlülük liman yöneticilerinin en iyi çözümü sunabilecek esnek bir araca duyduğu ihtiyacı karşılayabilmektedir.

Liman yönetiminde çok yönlü bir karar destek sistemine duyulan ihtiyaç; limanların birçok faaliyeti ve fiziksel yapıyı içinde bulunduran karmaşık bir yapıda olmasından kaynaklanmaktadır. Bu karmaşık yapı çerçevesinde oluşabilecek sistem sorunlarına yönelik liman yöneticilerinin alması gereken çok sayıda karar vardır. Limanlarda gerçekleşen operasyonların performanslarının ölçülmesine yönelik olarak deneysel çalışmalar yapmak zaman ve maliyet açısından oldukça zordur. Ancak benzetim yönteminin sunduğu sanal gerçeklik aracılığıyla limanın karmaşık yapısı bilgisayar tabanlı olarak analiz edilebilmekte, oluşturulan model üzerinde herhangi bir maliyete katlanılmaksızın sorunlara yönelik çözüm denemeleri üretilebilmektedir.

Benzetim modelleri ile limanlarda gerçekleşen yük operasyonlarına dair birçok çıktı elde edilebilmektedir. Bu modeller aracılığıyla liman içi lojistik süreçleri iyileştirebilmekte, yükleme/boşaltma planlamaları yapabilmekte ve limanın çıktıları hakkında istatistiki veri elde edebilmektedir. Model sonucunda ekipmanların faydalı kullanımı, optimal taşıyıcı sayısı, istifleme verimliliği, operasyon zamanları, liman içi ulaştırma hizmetinin verimliliği gibi konular incelenebilmektedir.

Bu çalışmada, konteyner terminallerinin performans ölçümünde kullanılan yöntemlerden biri olan benzetim yöntemi bir senaryo üzerinden anlatılmıştır. Benzetim yöntemi bir karar destek sistemi olarak, sistemlerin analizinde kullanılmıştır. Senaryonun oluşturulmasında tercih edilen FlexSim CT yazılımı özellikle sadelik, kulanım kolaylığı ve görsellik açısından diğer konteyner terminali benzetim paket programlarına kıyasla başarılı bulunmuştur ve ilerleyen dönemlerde yapılacak benzer çalışmalar için önerilebilir düzeydedir.

Bu tezde sunulan örnek benzetim modeli, sadece liman yönetimine karar destek aracı olarak limanın lojistik yapısını ve liman performans göstergelerini anlama, analiz etme ve değerlendirme, liman kapasitesini planlama, liman verimliliğini arttırma, liman geliştirme ve limanın gelecekteki ihtiyaçlarını tahmin etme konularına yardımcı bir karar destek modeli değildir. Aynı zamanda terminal lojistik süreç performansını ölçmek isteyen diğer terminallere örnek teşkil edebilecek esnek bir benzetim modelidir.

Konteyner terminallerinin modellenebilmesi için öncelikle terminale ilişkin altyapı, üstyapı ve donanım verilerinin ulaşılabilir olması gerekmektedir. Gerekli olan temel bilgiler; rıhtım uzunluk ve açıları, yük operasyonlarında kullanılacak ekipman adet ve kapasiteleri, ekipman atama prensipleri, konteyner bloklarının yerleşimi ve sınıflandırılması, bu bloklar arasındaki mesafe ve terminal içi trafik akış şemasıdır. Bu çalışma kapsamında söz konusu bilgiler Borusan Lojistik Gemlik Limanı yöneticileriyle gerçekleştirilen mülakatlar sonucu elde edilmiştir.

Çalışma kapsamında oluşturan model üzerinde farklı senaryolar uygulanarak Borusan Lojistik Gemlik Limanı konteyner terminalinin performans çıktılarını test etmek mümkündür. Bu çalışmada uygulanan senaryo Borusan Lojistik Gemlik Limanı mevcut konteyner limanında hali hazırda gerçekleşmiş olan bir gemi operasyonunu üzerine kuruludur. Böylece Borusan Lojistik Gemlik Limanı'nın mevcut konteyner terminalinde gerçekleşen operasyonun benzetim modeli ile gerçek performansının karşılaştırılması sağlanmıştır. Mevcut konteyner terminalinde 841 hareketlik yükleme/boşaltma operasyonu 13 saat sürmüşken, konteyner terminali benzetim modelinde aynı operasyon 13 saat 12 dakika da tamamlanmıştır. Yapılan bu çalışma ile modelin geçerliliği ve güvenilirliği doğrulanmıştır. Model üzerinde yapılan çeşitli denemelerde aynı operasyonda çekici sayılarının arttırılması ile ekipmanların çekici bekleme oranlarının azaldığı ve toplam zamanda azalma olduğu ve sistem verimliliğinin değiştiği görülmektedir. Bunun yanında konteyner istifleme sahasında hizmet vermekte olan bazı RTG'ler daha fazla meşgul olmaktadır. Bu RTG'ler üzerindeki yoğunluk diğer RTG'ler üzerine dağıtıldığında sistem performansının değiştiği görülmektedir.

Dünyanın gelişmiş limanlarında yoğun olarak kullanılan benzetim yöntemi Türkiye'de çok fazla tercih edilmemektedir. Bunun en önemli nedeni ülkemizde bu konuda yetişmiş elemanın çok az olmasıdır. Liman işletmeleri özellikle endüstri mühendisliği bölümlerinden istihdam edecekleri mezunlarla bu konu üzerine eğilmelidir. Uzun dönemli bir öneri olarak ilgili eğitim kurumlarının, özellikle liman operasyon kapsamında verilen dersleri temel benzetim bilgisi ile desteklemesi ve benzetim uygulamaları ile bu dersleri zenginleştirmesi gerekmektedir.

İleri dönemlerde yapılacak olan araştırmalara yönelik öneriler şu şekildedir; benzer modellemeler birden fazla senaryo üzerinden test edilerek sistemin vereceği farklı performans değerleri kıyaslanabilir. Model üzerinde deneysel çalışmalar gerçekleştirilerek yük operasyonlarında kullanılacak optimum araç sayılarına ulaşma hedefi gözetilebilir. Modele limanın kapı operasyonları da dahil edilerek kapı operasyonlarına ilişkin veriler elde edilebilir. Ayrıca model kapsamında alınan sonuçlar ile liman maliyetlerinin karşılaştırılması sağlanabilir. Ek olarak terminalin gemi yanaşma-manevralarına yönelik benzetime dayalı seyir tasarımı çalışmalarına ilişkin modellemeler de yapılabilir.

KAYNAKLAR

Abacoumkin C., Ballis, A. (2004), Development of an expert system for the evaluation of conventional and innovative technologies in the intermodal transport area, European Journal of Operational Research 152, 410-419.

Abdelhafez M. A., Eltawil A. B., Berth Allocation and Quay Crane Assignment in Port Said Port with Convoy Consideration in Suez Canal. (2013), http://marlog-aast.org/2013/Papers/S3P2.pdf (12.06.2013)

Akten Necmettin, Taşımacılık Kılavuzu, İstanbul Ticaret Odası, İstanbul, 1995, s.141.

Arango C., Cortés P., Muñuzuri J., Onieva L., Berth allocation planning in Seville inland port by simulation and optimisation. (2011) http://io.us.es/componentes/P.Cortes/pdfs/BAP_CAP_final.pdf (10.06.2013)

Ateş Alpaslan, Esmer Soner , Liman İşletmelerinde Performans Ölçümü, Recep Tayyip Erdoğan Üniversitesi Yayınları, Rize, 2013 s. 1

Avriel, M., Penn, M., Shpirer, N., Witteboon, S. 1998. Stowage planning for container ships to reduce the number of shifts. Annals of Operations Research 76: 55-71.

Baker, C., 1998. High time for straddles, Cargo systems, October 1998, pp. 23–26.

Ballis, A., Abacoumkin, C. (1996), A container terminal simulation model with animation capabilities, Journal of Advanced Transportation 30(1), 37-57.

Baykal, Reşat Karma Taşımacılık Yaklaşımıyla Limanlar ve Terminaller, Birsen Yayınevi, İstanbul, 2012, s.74.

Bielli, M., Boulmakoul, A. and Rida, M. (2006) 'Object oriented model for container terminal distributed simulation', European Journal of Operational Research, Vol. 175, p.1731–1751.

Bish, E.K., Leong, T., Li, C., Ng, J.W.C., Simchi-Levi, D., 2001. Analysis of a new vehicle scheduling and location problem. Naval Research Logistics 48, 363–385.

Borgman B., Asperen E., Dekker R., "Online rules for container stacking". OR Spectrum (2010) 32:687–716

Borusan Lojistik, http://www.borusanlojistik.com/Hakkimizda.aspx (04.09.2013)

Bostel, N., Dejax, P. (1998), Models and algorithms for container allocation problems on trains in a rapid transshipment shunting yard, Transportation Science 32(4), 370-379.

Böse, J., Reiners, T., Steenken, D., Voss, S. (2000), Vehicle dispatching at seaport container terminals using evolutionary algorithms, Proceedings of the 33rd Hawaii International Conference on Systems Sciences.

Branch, E. Alan "Elements Of Port Operation And Management", New York, Chapman And Hall Lth, 1986, p-88

Bruzzone, A. Signorille, R. "Simulation and genetic algorithms for ship planning and shipyard layout", Simulation, No: 71 (2), 1998, ss.74-83

Büyüközer A.Avni , Konteyner Terminali Planlaması ve Kapasite Analizi, İstanbul Teknik Üniversitesi Fen Bilimleri Enstitüsü, (Yayımlanmamış Yüksek Lisans Tezi), İstanbul, Haziran 2006.

Cargo Loss Prevention Information From German Marine Insures, Container Handbook, http://www.containerhandbuch.de/chb_e/stra/index.html?/chb_e/stra/stra_01_01_00.html, (28.02.2013), par.1

Cartenì A.,, Luca S., "Tactical and strategic planning for a container terminal: Modelling issues within a discrete eventsimulation approach", Simulation Modelling Practice and Theory, Volume 21, Issue 1, 2012, p.123-145

Chen, L., Langevin, A., & Lu, Z. (2013). Integrated scheduling of crane handling and truck transportation in a maritime container terminal. European Journal of Operational Research, 225(1), 142–152.

Chen, Y., Leong, Y.T., Ng, J.W.C., Demir, E.K., Nelson, B.L., Simchi-Levi, D., 1998. Dispatching Automated Guided Vehicles in a Mega Container Terminal, paper presented at

Clausen, U., Kaffka, J., Meier, F., (2012), "CONTSIM – Container Terminal Management with Simulation", http://www.lvmt.fr/ewgt2012/compendium_64.pdf (27.07.2013)

Coalition of Alabama Waterway Associations, Business Perspectives on the Feasibility of Conatiner on Barge Service Alabama Freight Mobility Study Phase 1, Hanson Professional Services Inc , Nashville, April 2007, s.15.

Container Trasportation, Freight Container, http://www.container-transportation.com/freight-container.html, (09.03.2013)

Containerzational International, Top 100 Container Ports 2012.

Çancı Metin, Murat Erdal, Uluslararası Taşımacılık Yönetimi, Utikad Yayınları, İstanbul, Ağustos 2003, s.250.

De Castilho, B., Daganzo, C.F. (1993), Handling strategies for import containers at marine terminals, Transportation Research B 27(2), 151-166.

Dekker, R., Voogd, P., Asperen, E., Advanced methods for container stacking. OR Spectrum, 2006, 28 (4), 563–586.

Deniz Haber İnternet Sitesi, http://www.denizhaber.com.tr/sektorden/17401/panamax-gemilerin-tonajlari-degisecek.html, (10.03.2013)

Deniz Ticareti Genel Müdürlüğü, 2012 İller Bazında Deniz Yolu Taşıma İstatistikleri, www.denizticareti.gov.tr, (04.10.2013), s.5-75.

Deniz Ticareti Genel Müdürlüğü, Deniz Ticareti İstatistikleri 2012, 01.05.2012, s.30.

Deniz Ticareti Genel Müdürlüğü, Deniz Ticareti İstatistikleri 2012, 01.05.2012, s.32.

Deniz Ticareti Genel Müdürlüğü, İstatistik Bilgi Sistemi, Konteyner İstatistikleri, Aylar Bazında Elleçleme, (08.03.2013), https://atlantis.denizcilik.gov.tr/istatistik/istatistik_konteyner.aspx

Dirk Steenken, Stefan Voβ, Robert Stahlbock," Container terminal operation and operations research – a classification and literature review", OR Spectrum, No: 26, 2004, p. 34.

Dubrovsky O., Gregory L., Michael P., "A genetic algorithm with a compact solution encoding for the containership stowage problem", Journal of Heuristics, No: 8, 2002, ss. 585-599.

Duinkerken, M.B., Dekker, R., Kurstjens, S. T. G. L., Ottjes, J. A., Dellaert, N. P.,. Comparing transportation systems for inter-terminal transport at the Maasvlakte container terminals. OR Spectrum 2006, 28 (4), 469–493.

Dünya Gazetesi, http://www.dunya.com/asyaporta-ilk-gemi-29-ekimde-yanasacak-178094h.htm, 14 Ocak 2013.

Eliiyi D.S., Sevil B., Yumurtaci I. Ö., Guldogan E. U., Ada E., Ege Academic Review, 2008, vol. 8, issue 1, pages 243-256

Erdal Murat , Konteyner Deniz ve Liman İşletmeciliği, Beta Yayınevi, İstanbul, 1.Baskı, Ekim 2008, s.3.

Ersel Zafer Oral, Soner Esmer, "Bursa Gemlik Limanlarının Günümüzdeki ve Gelecekteki Rolleri", TMMOB Bursa 3. Kent Sempozyumu, http://www.soneresmer.com/downloads/puplications/e4.pdf, (05.09.2013)

Esin A.Gökhan, (2008, Genel Konteyner Liman Yönetimi, Murat Erdal (Editor), Konteyner Deniz ve Liman İşletmeciliği, İstanbul, Beta Basım A.Ş., s.20.

Esmer S., Yıldız G., Tuna O., Modelling Ship Berthing At İzmir Port Container Terminal Through Simulation Method (2008). http://www.soneresmer.com/downloads/puplications/b6.pdf (09.07.2013)

Esmer Soner, Ersel Zafer Oral, Türkiye'de Konteyner Limanlarının Geleceği, Türkiye'in Kıyı ve Deniz Alanları 7. Ulusal Kongresi Bildiriler Kitabı, Ankara, 27-30 Mayıs 2008, s.558

Esmer Soner, Konteyner Terminallerinde Lojistik Süreçlerin Optimizasyonu Ve Bir Simülasyon Modeli, Dokuz Eylül Yayınları, İzmir, Şubat 2010, s.29-77.

Evers, J.J.M., Koppers, S.A.J. (1996), Automated guided vehicle traffic control at a container terminal, Transportation Research A 30(1), 21-34.

Gambardella, L.M., Rizzoli, A.E., Zaffalon, M. (1998), Simulation and planning of an intermodal container terminal, Simulation 71(2), 107-116.

Gemlik Belediyesi, Gemlik Tarihi ve Konumu, http://gemlik.bel.tr/Gemlik.aspx (04.09.2013)

Gemlik Liman Başkanlığı, Gemlik Bölgesi Limanları, http://www.gemlikliman.gov.tr/Sayfalar/FrmLimanlarListe.aspx, (04.09.2013)

Gemlik Liman Başkanlığı, Gemlik Tarihi, http://www.gemlikliman.gov.tr/Sayfalar/frmBaskanligimiz.aspx (04.09.2013)

Ghislain Lorthiois, Container shipping : impact of mega container ships on ports in Europe and the Med– MAREFORUM, 2008

Grunow M., Günther H. O., Lehmann M., (2006) Strategies for dispatching AGVs at automated seaport container terminals, OR Spectrum 28:587–610

Grunow, M., Günther, H.O., Lehmann, M. (2004), Dispatching multi-load AGVs in highly automated seaport container terminals, OR Spectrum 26 211-235.

Guan, Yongpei; Cheung, Raymond K. (2004). "The berth allocation problem: models and solution methods". OR Spectrum 26 (1): 75–92.

Harris G.A., Schroer B.J., Anderson M., Moeller D.P.F, Simulation of an intermodal container center served by air, rail, and truck Journal of Advanced Transportation Volume 46, Issue 2, 2012, pages 95–111

Hartmann S., "Generating scenarios for simulation and optimization of container terminal logistics", OR Spectrum, No: 26, 2004, p. 171-192.

Huang, S.Y., Hsu, W-J., Chen, C., Ye, R. And Nautiyal, S. 'Capacity analysis of container terminals using simulation techniques', Int. J. Computer Applications in Technology, Volume, 2008, p. 246-253

Huiling Z., Xianqun O., Guanxiang Z., Wenxue C., Stacking strategy design and simulation for export containers arriving at port in random sequence. Journal of Shanghai Maritime University; 2012-01

Imai A., Nagaiwa K., Tat C-W. Efficient planning of berth allocation for container terminals in Asia. Journal of Advanced Transportation, Vol. 31, 1997, pp. 75–94

Imai, A., Nishimura, E., Papadimitriou, S. The dynamic berth allocation problem for a container port. Transportation Research Part B, Vol. 35, 2001, pp. 401–417.

J Kang, KR Ryu, KH Kim, (2006) ,"Deriving stacking strategies for export containers with uncertain weight information" Journal of Intelligent Manufacturing, Volume 17, Issue 4, p. 399-410

Jahromi A. R. M., Nooramin A. S., Safaei A. A., (2012) "A combined extent fuzzy AHP and simulation method for selecting stacking layout type in marine container terminals" International Journal of Services and Operations Management. Volume 12, Number 3/2012, p.332-347

Kia, M., Shayan, E., Ghotb, F. (2002), Investigation of port capacity under a new approach by computer simulation, Computers and Industrial Engineering 42, 533-540.

Kim, H.K., Lee K.M., Hwang H., "Squencing delivery and receiving operations for yard cranes in port container terminals", International Journal Production Economics, No: 84, 2003, ss. 283-292.

Kim, Hwan Kap, "Evaluation of the number of rehandles in container yards", Computers& Industrial Engineering, vol. 32, 1997, 701-711

Kim, K.H., Bae, J.W. (1998), Re-marshaling export containers in port container terminals, Computers & Industrial Engineering 35(3-4), 655-658.

Kim, K.H., Bae, J.W. (1999), A dispatching method for automated guided vehicles to minimize delays of containership operations, International Journal of Management Science 5(1), 1-25

Kim, K.H., Kim, H.B. (1999), Segregating space allocation models for container inventories in port container terminals, International Journal of Production Economics 59, 415-423.

Kim, K.H., Park, Y.M., Ryu, K.R. (2000), Deriving decision rules to locate export containers in container yards, European Journal of Operational Research 124, 89-101.

Klaws J., Stahlbock R., Voß S., (2011). Container Terminal Yard Operations– Simulation of a Side-Loaded Container Block Served by Triple Rail Mounted Gantry Cranes. http://link.springer.com/chapter/10.1007/978-3-642-24264-9_19#page-1 (22.07.2013)

Kozan, E. (1997), Comparison of analytical and simulation planning models of seaport container terminals, Transportation Planning and Technology 20, 235-248.

Kozan, E. (2000), Optimising container transfers at multimodal terminals, Mathematical and Computer Modelling 31, 235-243

Lee, L. H., Chew, E. P., Tan, K. C., & Wang, Y. (2010). Vehicle dispatching algorithms for container transshipment hubs. OR Spectrum, 32(3), 663–685.

Legato, P., Mazza, R. Berth Planning and resources optimization at a container terminal via discrete event simulation. European Journal of Operational Research, Vol.133(3), 2001

Liang C., Huang Y., Yang Y., (2009) A quay crane dynamic scheduling problem by hybrid evolutionary algorithm for berth allocation planning. Computers & Industrial Engineering 56 (2009) 1021–1028

Liyenita Widjaja, Mega Container Ships:Implications to Port of Singapore, City University Erasmus Mundus Master Of Science Programme , Coastal And Marine Engineering And Management ,(Yayımlanmamış Yüksek Lisans Tezi), London, 25 June 2012, s.5

Longo, F., "Design and integration of the containers inspection activities in the container terminal operations", Int. J. Production Economics 125, 2010, p. 272–283

M. Kefi, O. Korbaa, K. Ghedira, P. Yim, "Heuristic-based model for container stacking problem", http://www.icpr19.cl/mswl/Papers/121.pdf. (27.07.2013)

Meisel, F., Bierwirth, C. (2009) Heuristics for the integration of crane productivity in the berth allocation problem. Transportation Research Part E 45(1): 196-209.

Newman, A.M., Yano, C.A., Scheduling direct and indirect trains and containers in an intermodal setting, Transportation Science 34(3), 2000, p.256-270.

Nguyen, V. D., Kim, K. H. (2009). A dispatching method for automated lifting vehicles in automated port container terminals. Computers & Industrial Engineering, 56(3), 1002–1020.

Özyılmaz Metin, İMEAK İzmir Deniz Ticaret Odası Şubesi, Gemi Acenteliği Eğitimi Bilgi Notu, İzmir, 2007

Park M.Y., Kim H.K.A. Scheduling method for berth and quay cranes. OR Spectrum, Vol. 25, 2003, pp. 1–23.

Park T., Choe R., Kim Y. H., Ryu K. R. "Dynamic adjustment of container stacking policy in an automated container terminal". Int. J. Production Economics 133 (2011) 385–392

Park T., Sohn M., Ryu K. R., "Optimizing stacking policies using an MOEA for an automated container terminal" Computers and Industrial Engineering (CIE), 2010 40th International Conference, 2010. p. 1-6

Pasquale L., Mazza R. M., Roberto T., "Simulation-based optimization for discharge/loading operations at a maritime container terminal." OR Spectrum (2010) 32:543–567

Powell, Warren B.,Tassio A. Carvalho"Real-Time optimization of containers and flatcars for intermodal Operations", Statistics and Operations Research Technical Report, 1998, http://citeseerx.ist.psu.edu/viewdoc/download?doi=10.1.1.28.9669&rep=rep1&type=pdf (29.07.2013)

Preston, Peter, Kozan, Erhan " An aproach to determine storage locations of containers at seaport terminals", Computers&Operations Research, vol.28, 2001, 983-995

Proceedings of the 2009 International Conference on Harbor, Maritime & Multimodal Logistics. Modelling and Simulation. Tenerife, Canary Islands, Spain. 2009.

Sağlam Bayram Bilge, Konteyner Terminali Projelerinde Yük Operasyonlarının Benzetim Yöntemi İle Değerlendirilmesi, Dokuz Eylül Üniversitesi Sosyal Bilimleri Enstitüsü, (Yayımlanmamış Yüksek Lisans Tezi), İzmir, 2013.

Saygılı Mehmet Sıtkı , Murat Erdal, (2008, Konteyner Türleri Ve Yükleme, Murat Erdal (Editor), Konteyner Deniz ve Liman İşletmeciliği, İstanbul, Beta Basım A.Ş., s.20-28.

Sculli, D., Hui C.F. : "Three Dimensional stacking of containers", Omega, No: 16, 1988, ss.585-594.

Sezen H.Kemal, Murat M. Günal, Yöneylem Araştırmasında Benzetim, Ekin Yayınevi, Bursa, 2009.

Shabayek, A. A.,W.W. Yeung "A simulation model for the Kwai Chung container terminals in Hong Kong", European Journal of Operational Research, No: 140, 2002, p. 1-11.

Stahlbock, R., Voß, S. (2008). Operations research at container terminals: A literature update. OR Spectrum, 30(1), 1–52.

Steenken Dirk, Vob, Stefan and Stahlbock, Robert“ Container terminal operation and operations research a classification and literature review”OR Spectrum,No: 26, 2004, ss. 3-49

Steenken, D., Vob, S., Stahlbock, R., “Container terminal operation and operations research - a classification and literature review”, OR Spectrum 26,2004, p.3-49.

Sun Z., Lee, L. H., Chew,E. P., Tan K. C., (2012) MicroPort: A general simulation platform for seaport container terminals. http://www.maritimestudies.nus.edu.sg/CMS%20Research%20Update%20-%20March%202012.pdf (12.06.2013)

Şişmanyazıcı Harun , Liner Taşımacılıkta Konteyner Taşımacılığı ve Uygulamaları Ders Notları, İstanbul, 2010, s.2.

Taleb-Ibrahimi M., B.D. Castilho, C.F. Daganzo, “Storage space vs. handling work in container terminals”, Transportation Research Part B, No: 2 ,1993 , ss.13-32.

The Geography Of Transport Systems, Evolution of Containerships, (10.03.2013), http://people.hofstra.edu/geotrans/eng/ch3en/conc3en/containerships.html

The Geography Of Transport Systems, The Largest Available Containership, 1970-2013 (in TEUs), (10.03.2013), http://people.hofstra.edu/geotrans/eng/ch3en/conc3en/largestcontainerships.html

The United Nations Conference on Trade and Development (UNCTAD), The Review of Maritime Transport 2012, Switzerland, 2012, s.2-87.

Tierneya K., Vob S., Stahlbockb R., (2013) “A mathematical model of inter-terminal transportation” http://www.sciencedirect.com/science/article/pii/S0377221713005778 (28.07.2013)

Tümiş, Oğuz Konteyner Limanı Operasyon Yönetimi, Murat Erdal (Editor), Konteyner Deniz ve Liman İşletmeciliği, İstanbul, Beta Basım A.Ş., s.95-99

Türkiye İstatistik Kurumu, Dış Ticaret İstatistikleri, Yıllara Göre Dış Ticaret, (08.03.2013), http://www.tuik.gov.tr/VeriBilgi.do?alt_id=12

Türkiye Liman İşletmecileri Derneği ve Dokuz Eylül Üniversitesi Soner Esmer ve Ersel Zafer Oral, Türk Limancılık Sektörü Raporu 2012, Atölye Ofset, 2012, s.22-124.

Vikipedi Özgür Ansiklopedi, Konteyner Taşımacılığı, http://tr.wikipedia.org/wiki/Konteyner_ta%C5%9F%C4%B1mac%C4%B1l%C4%B1%C4%9F%C4%B1#K.C3.B6kenleri, (28.02.2013), par.2.

Vis, I.F.A., Harika, I. (2004), Comparison of vehicle types at an automated container terminal, OR Spectrum, 26, 117-143.

Vis, Iris F.,Ismael Harika"A comparison of vehicle types at an automated container terminal", OR Spectrum, No: 26, 2004, p.117-143.

Wang F, Lim A (2007) A stochastic beam search for the berth allocation problem. Decision Support Systems, Vol. 42, 2007, pp. 2186–2196.

Wilson, L.D., P.A. Roach,"Principles of combinatorial optimization applied to container-ship stowage planning", Journal of Heuristics, No: 5, 1999, ss. 403-418.

World Maritime News, http://worldmaritimenews.com/archives/76293, 8 Şubat 2013.

Xiao X., M.Y.H. Low, F. Liu, S.Y. Huang, W.J. Hsu, and Z.P. Li, "An Efficient Block-Based

Yalçın Serap, Konteyner Terminali Stok Sahası Optimizasyonu, İstanbul Üniversitesi Sosyal Bilimler Enstitüsü, (Yayımlanmamış Yüksek Lisans Tezi), İstanbul, 2005.

Yun, W.Y., Choi, Y.S. (1999), A simulation model for container-terminal operation analysis using an object-oriented approach, International Journal of Production Economics 59, 221-230.

Zhang C, Liu J., Wan Y., Murty K. G., Linn R. J., "Storage space allocation in container terminals", Transportation Research Part B, No: 37, 2003, ss.883-903

EKLER

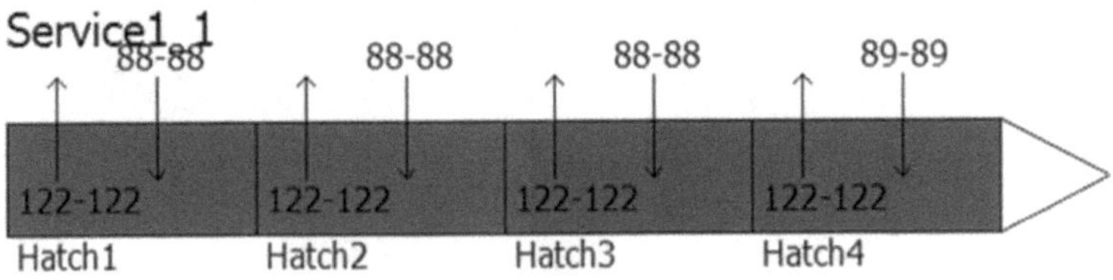

	% Working	% Waiting for Truck	Throughput	Gross Moves/Hour	Net Moves/Hour
SSG 1	93.0	0.3	420	29.4	31.6
SSG 2	94.7	0.4	421	29.5	31.1

	Yard	Emp1	Emp 2
Content			
Current	528.00	142.00	142.00
Average	580.32	97.72	104.00
Min	444.00	25.00	24.00
Max	712.00	153.00	155.00
Throughput	413.00	25.00	24.00
History Size Limit	300.00	300.00	300.00
Dwell Time (Days)			
Average	2.80	3.01	1.79
Sample Variance	8.28	21.49	6.51
Min	0.01	0.01	0.01
Max	20.60	15.49	15.49
Lower Bound	0.00	0.00	0.00
Upper Bound	20.00	20.00	20.00
Divisions	6.00	6.00	6.00

	Impo1	Impo2	Impo3
Content			
Current	69.00	66.00	68.00
Average	29.69	37.66	38.03
Min	7.00	9.00	8.00
Max	69.00	71.00	71.00
Throughput	5.00	11.00	8.00
History Size Limit	300.00	300.00	300.00
Dwell Time (Days)			
Average	4.33	0.85	1.01
Sample Variance	15.23	4.54	6.21
Min	0.02	0.01	0.05
Max	7.25	7.26	7.18
Lower Bound	0.00	0.00	0.00
Upper Bound	20.00	20.00	20.00
Divisions	6.00	6.00	6.00

	Expo1	Expo2	Expo3
Content			
Current	13.00	16.00	10.00
Average	88.44	89.94	88.52
Min	13.00	16.00	10.00
Max	127.00	125.00	122.00
Throughput	114.00	114.00	112.00
History Size Limit	300.00	300.00	300.00
Dwell Time (Days)			
Average	3.01	3.12	2.70
Sample Variance	8.62	7.73	5.62
Min	0.32	0.28	0.34
Max	20.60	12.08	14.82
Lower Bound	0.00	0.00	0.00
Upper Bound	20.00	20.00	20.00
Divisions	6.00	6.00	6.00

Task Queue Content	RTG 1	RTG 2	RTG 3	RTG 4	RTG 5	RTG 6
Current	0.00	0.00	0.00	0.00	0.00	0.00
Average	0.01	0.00	0.09	0.21	0.06	0.00
Min	0.00	0.00	0.00	0.00	0.00	0.00
Max	2.00	1.00	4.00	8.00	3.00	1.00
History Size Limit	300.00	300.00	300.00	300.00	300.00	300.00

Waiting Time	RTG 1	RTG 2	RTG 3	RTG 4	RTG 5	RTG 6
Average	0.07	0.01	0.48	4.02	0.30	0.02
Sample Variance	0.03	0.00	0.94	6.83	1.15	0.00
Min	0.00	0.00	0.00	0.00	0.00	0.00
Max	1.29	0.11	4.52	8.12	8.47	0.25
Lower Bound	0.00	0.00	0.00	0.00	0.00	0.00
Upper Bound	20.00	20.00	20.00	20.00	20.00	20.00
Divisions	20.00	20.00	20.00	20.00	20.00	20.00

	RTG 7	RTG 8
Task Queue Content		
Current	0.00	0.00
Average	0.00	0.04
Min	0.00	0.00
Max	1.00	2.00
History Size Limit	300.00	300.00

	RTG 7	RTG 8
Waiting Time		
Average	0.01	0.20
Sample Variance	0.00	0.16
Min	0.00	0.00
Max	0.25	2.43
Lower Bound	0.00	0.00
Upper Bound	20.00	20.00
Divisions	20.00	20.00

FSC
www.fsc.org
MIX
Papier | Fördert gute Waldnutzung
FSC® C083411

Kolibri 360 GmbH
Ferdinand-Jühlke-Straße 7
99095 Erfurt, Deutschland
produktsicherheit@kolibri360.de

Druck:
CPI Druckdienstleistungen GmbH
im Auftrag der
Kolibri 360 GmbH
Ferdinand-Jühlke-Str. 7
99095 Erfurt